図解でわかる！

理工系のための よい文章の 書き方

論文・レポートを
自力で書ける
ようになる方法

文●福地 健太郎
図解●園山 隆輔　著

SE
SHOEISHA

本書内容に関するお問い合わせについて

このたびは翔泳社の書籍をお買い上げいただき、誠にありがとうございます。弊社では、読者の皆様からのお問い合わせに適切に対応させていただくため、以下のガイドラインへのご協力をお願い致しております。下記項目をお読みいただき、手順に従ってお問い合わせください。

●ご質問される前に

弊社Webサイトの「正誤表」をご参照ください。これまでに判明した正誤や追加情報を掲載しています。

正誤表　https://www.shoeisha.co.jp/book/errata/

●ご質問方法

弊社Webサイトの「刊行物Q&A」をご利用ください。

刊行物Q&A　https://www.shoeisha.co.jp/book/qa/

インターネットをご利用でない場合は、FAXまたは郵便にて、下記"翔泳社 愛読者サービスセンター"までお問い合わせください。
電話でのご質問は、お受けしておりません。

●回答について

回答は、ご質問いただいた手段によってご返事申し上げます。ご質問の内容によっては、回答に数日ないしはそれ以上の期間を要する場合があります。

●ご質問に際してのご注意

本書の対象を越えるもの、記述個所を特定されないもの、また読者固有の環境に起因するご質問等にはお答えできませんので、予めご了承ください。

●郵便物送付先およびFAX番号

送付先住所　　〒160-0006　東京都新宿区舟町5
FAX番号　　　03-5362-3818
宛先　　　　　（株）翔泳社 愛読者サービスセンター

はじめに

I　なぜよい文章を書くことが必要か

　この本には、よりよい文章を自力で書けるようになるための様々な原則やコツ、ヒントが書かれています。いずれも、著者が大学で学生の皆さんを相手に、論文指導やレポートの添削を日々行ううちに蓄積したノウハウを基にしたものです。主に、次のような方にとって役に立つ本になるようにデザインしてあります。

- **高校生や大学生、大学院生**
  小論文やレポートが思うように書けない人
  指導教員に「なにを言いたいのかわからない」とよく言われる人
- **新入社員や初級エンジニア**
  業務上のメールや報告書が「まわりくどい」と評価されがちな人
  報告書や技術仕様書などの文書を効率的に書きたい人
- **上記の者を指導する立場の人**
  学生や部下に文章の書き方をどう指導すればいいのかを知りたい人
  よい文章を書くことの重要性を啓蒙したい人

　いずれの立場の人にも使いやすいよう、本書のすべてのトピック（以下、TOPIC）は、図解つきで4〜8ページに収めてあります。詳しい使い方については、p.8からの「IV この本の使い方」で解説してありますので、そちらを参照してください。

　さて、本書を読み進める前に、ここであらためてなぜよい文章を書かねばならないのか、そもそもどんな文章がよい文章か、を考えてみましょう。

　文章は、まず何よりも、**それを読む相手のために「よい文章」であることが必要です。**読みにくく、その意味を理解するのに時間のかかる文章は、相手の時間を奪うことになります。書かれている内容がそもそも難しいのであ

れば、それを理解するのに時間がかかるのは避けようがありませんが、ただ文章が読みにくいために相手に無駄な手間をかけさせるのは避けなければなりません。相手のために、あなたは読みやすい文章を書くべきです。

　また、論文や技術文書のようなものは、様々な読者がいることを想定して書かれるべきものです。自分だけ理解できればいいというものではありません。文章は意外なほど様々な人に読まれるものですし、書かれてから何年も何十年も経った後に、必要にかられた誰かが目を通すこともあるかもしれません。**よい文章は組織や時を越えて内容を伝える力をもつものです。**伝えるべきなにかがあるならば、よい文章でそれを残すことを志しましょう。

　さらには、「よい文章」を書こうとすることは、**巡り巡って自分のためでもあります。**よい文章を書こうとすると、自分の考えをよく整理することが必要になります。どんな情報をどのように配置すべきか、吟味・推敲を重ねていくうちに、それまで漠然と頭の中にあった考えに論理の飛躍や間違い、暗黙に抱いていた仮定といった「穴」が明らかになることがよくあります。それらを修正しようとしてまた熟考することを繰り返すことで、思考力が鍛えられていくのです。

　ときには、筋の通った文章を書こうと奮闘努力しているうちに「ああ、自分はこんなことを考えていたのか」と気づかされることすらあります。「書くこととは、考えることである」とすら言えるかもしれません。

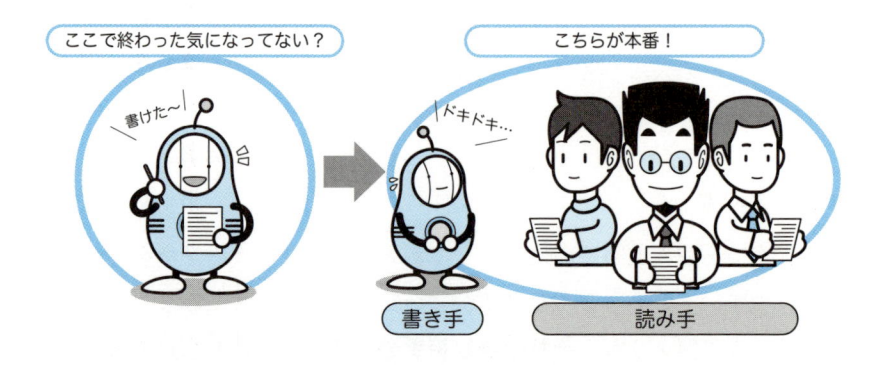

II　よい文章を書くために

　本書では約200ページにわたって、よい文章を書くためのポイントを解説しています。また本書に限らず、書店に行けば文章の書き方を教える本が棚に収まらないくらい並べられています。そこまで手をかけなければならないほど、よい文章を書くことは難しいことなのでしょうか。

　そもそも文章は、自分は知っているが読む相手はまだ知らない事柄について書くものです。自分で行った実験の結果や、なにかを観察して思いついたこと、なんなら「あなたを愛しています」というようなことまで含めて、それをまだ知らない相手に伝えたいと思うから、私達は文章を書くわけです。

　『高校生のための文章読本』[梅田 1986]という本では、よい文章の基準を以下の二つの項目で簡潔に書き表しています。

(1)　自分にしか書けないことを
(2)　誰が読んでもわかるように書く

　ところが、この二つの項目はどうしても衝突してしまいます。「自分にしか書けないこと」というのは、自分にしかわからない情報を多分に含んでいます。しかしそれを誰が読んでもわかるように書くためには、そうした情報を一つ一つ、相手にそれが伝わるかどうかを吟味しながら文字に書き起こしていく作業が必要です。単に思ったことを書き連ねても、重要な情報が明確に示されていなければ、伝わりようがありません。本質的に、**文章を書くのは難しいこと**なのです。

　ところが、その難しいことを、現在の日本の学校教育では教えきれていません。小中学校で面白くもない作文を沢山書かされたけど、肝心の「どう書けばよいか」については習わなかった、という人も多いでしょう。

　であるにもかかわらず、大学や会社でいきなり文章を書かされる上に、「こんな文章じゃダメだ！」といきなり怒られたり、レポートにバツをつけられたりするのです。目玉焼きくらいしか作ったことがないのに急に晩御飯を作れと言われて、鍋を焦がして怒られるようなものです。

文章を書くのは難しいことなのですから、それを書くための技術をまだ習っていないのであれば、いま文章をうまく書けなくても仕方ありません。ですから「自分は文章が下手だ」と落ち込む必要はないのです。

　幸い、文章の書き方はいまからでも十分身につけることができる技術です。天性のセンスや、子供の頃からの修練がないとどうしようもない、というものではありません。「名文」と称えられるようなものは書けないとしても、情報を確実に読みやすく相手に伝えられる文章が書けさえすれば、仕事や学業を進める上では十分通用します。

　本書は、そうした実用的な文章術を身につけるためのものです。ここで説明しているのは誰にでも習得できるような、基本的な技術です。レストランに並ぶような料理はできなくとも、日々の食事くらいは手早く簡単に作れるだけで生活がガラリと変わるように、地味であっても確実に伝わる文章の技術があるだけで、学生であればレポートや論文の作成が、社会人であれば日々の仕事が、格段に進めやすくなります。まずはその地点を、一緒に目指しましょう。

良い文章を書くのは難しい…だからこそ

基本的な技術を身につけることが重要

あまり気負わずに、まず始めてみよう！

Ⅲ　この本で扱うこと・扱わないこと

本書では、次のような文章の書き方を扱っています。

- レポート・報告書・論文・説明書・技術文書など、論理的な内容が求められるもの
- 相手にはっきりと物事を伝えることを目的としたもの
- また、それによって相手に行動を促すもの
- 画一的かもしれないが誰でも書ける、実用本位のもの

反対に、次のような文章は本書では扱いません。

- 流麗な文
- 小説や詩歌などの文芸
- 人を情緒的に説得することを目的としたもの
- 業務と関係のない、親しみを込めた手紙
- 独創力溢れる素敵な文章

後者に属するような文章については、コラムで参考文献をいくつか紹介していますので、そちらを参照してみてください。

なお、前者に属するような文章であっても、この本に書かれているような技術にとらわれず、個性的で面白い文章を書く人というのは確かにいます。すると読めてわかりやすい上に、文章そのものに味があって面白い、というレベルの文章に出会うと、自分もこんな文章を書いてみたいと思わずにはいられません。

しかしながら、そうした文章はいわば名人芸のようなもので、一朝一夕で身につくものではありません。そもそも本書を手にしているような方は、まだ基本的な文章術が身についていないはずです。一度は腰を据えて文章の基礎を身につける練習を積むべきですし、おそらくいま、あなたはその時期に来ているはずです。

こうした基礎は一度身につけてしまえば、手が勝手にそこそこの文章を書くようになってきます。そうなれば基礎的なことには頭を働かせずに済みますので、もっと創造的な部分に頭を使う余裕が生まれるでしょう。そこから先は、自分独自の文章を目指してみてください。

本書を卒業した後のことについては、「おわりに」でも述べていますので、そちらも読んでみてください。

また、本書でとりあげた TOPIC の補足情報や最新情報を以下のブログで紹介しています。こちらもぜひチェックしてください。

```
https://writing.fukuchi.org/
```

Ⅳ　この本の使い方

本書はよい文章を自分で書けるようになりたい人、そして文章の書き方を指導する人のそれぞれにとって使えるようにデザインされています。それぞれの使い方について解説します。

◉ 自分で学ぶための教材として

本書のすべての TOPIC は、それぞれ図解つきで4〜8ページに収まる長さで書いてあります。パラパラとページをめくって気になる図を見つけたらその TOPIC にざっと目を通す、という読み方でも大事なところは理解できるようになっています。暇なときにボンヤリと流し読みをするのもいいですし、締切間近に必要なページを急ぎ探し出すのにも便利なはずです。

それぞれの TOPIC についてしっかりと理解したくなったら、本文をじっくりと読み込んでください。本文では、その TOPIC で書かれているポイントがよい文章を書く上で重要となる理由や、文章を実際に書く上での実践的な方法について解説しています。TOPIC 冒頭に示されている図解はその内容を頭に刻み込む上で参考になるはずです。本文と図解とを何度も見比べながら読んでみてください。

一部の TOPIC には演習問題がついています。TOPIC についての理解をより深めるために、それら演習問題にはぜひ一度は取り組んでみてください。演

習問題についてはp.10に説明がありますのでそちらに目を通してください。

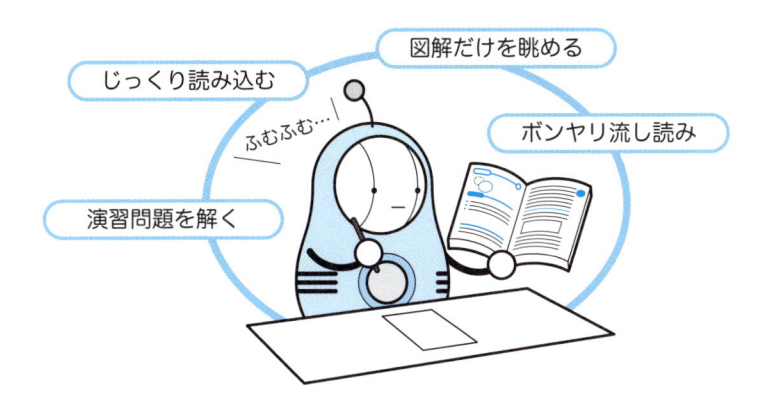

⬤ 文章指導用の教材として

　学生や部下を指導する立場の人が文章の添削をするのにも便利なように本書はデザインしてあります。

　文章を添削していて「ここは直さないと」と思った問題箇所を見つけたら、それがどのように問題であるのか、どのように修正すべきかが書かれたTOPICを本書の中から探し出し、該当ページを開いて「ほら、ここ読んでおいて」と渡しましょう。

本書の各TOPICの冒頭にある「POINT！」の図解画像はインターネットからダウンロードできるようになっています。指導の際には、画像をメールやチャットソフトで共有したり、自作教材に転載してお使いいただけるようになっています。ぜひご活用ください。使用方法については次項のURLに記載した情報も合わせてご覧ください。

◯ 図解画像のダウンロードおよび使用方法

本書の各TOPICの冒頭にある「POINT！」の図解画像は、本書の付属データとして以下のサイトからダウンロードできます。

```
https://www.shoeisha.co.jp/book/download/9784798158891
```

図解画像は Creative Commons Attribution-NonCommercial-ShareAlike 4.0 というライセンス下で配布しています。詳しくは以下のサイトにて説明していますので、そちらをご参照ください。

```
https://www.shoeisha.co.jp/book/detail/9784798158891
```

V　演習問題について

一部のTOPICには演習問題がついています。TOPIC本文を読んで学んだことを実践する練習になります。内容をどれくらい理解できているかの確認にもなりますので、一度は取り組んでみましょう。

多くの演習問題は指示に従って文章を書くことが求められていますが、問題によっては十分な情報が与えられていない場合があります。例えば、

問：「桃太郎の一行は鬼ヶ島へ向かいました」という文に続けて、鬼ヶ島への移動手段についての情報を書き足してください。その際に、なぜその移動手段を選択したかの理由についても説明すること。

という問題があった場合、移動手段やその理由は自分で好きなように決めた上で、文章を書いてください。ここで求められているのは、手段や理由を示す言葉をどうやって文章に組み込むのかの実践であり、また選択理由の情報が加わると文章がどのように改善されるのかを確認することにあります。ですので、具体的な手段やその理由は、それらしければなんでも構いません。面白半分で書いてみてください。

　演習問題の解答例は巻末にまとめられていますが、あくまでも「例」であることに注意してください。本書の演習問題には、これという絶対的な正解はありません。解答例とまったく同じように書くことを目指す必要はありません。なお、演習問題の内容によっては解答例を省略しているものもあります。あらかじめご了承ください。

　大事なのは、書いた文章の内容が人にどれほど伝わるか、です。これを自分で確認するのは難しいので、書いたものを他人に読んでもらって、どれくらいよく伝わったかを確認するとよいでしょう。その際、厳しく添削してくれるようよく頼んだ上で、本当に伝わったかどうか、根掘り葉掘り尋ねましょう。たいがいの人は親切心で「言いたいことはなんとなくわかる」と言ってくれるものです。誰にでも伝わる文章を書くためには、そこを乗り越える必要があります。

　これで前置きはおしまいです。それでは一緒に、文章修行の道を歩き出しましょう。

2019年1月　　福地 健太郎

CONTENTS

第1章 七つの原則 17

1①「主題文」をまず書いてみよう ・・・・・・・・・・・ 18
文章には必ず「伝えたいこと」がある　18／主題文を書く　19／主題文は何度でも直す　20／よりよい主題文を書くには　21／演習　21

1②　読み手を意識する ・・・・・・・・・・・・・・・・・ 22
情報を誰に、どのようにして伝えるか　22／書き手がどう思っているかではなく、読み手がどう読むか　23／自分の視点を「いま・ここ」から切り離す　24／演習　25

1③　大事なことは早く書く ・・・・・・・・・・・・・・・ 26
読み手は早く要件を知りたい　26／主題を最初の段落で提示する　27／演習 27

1④　驚き最小原則 ・・・・・・・・・・・・・・・・・・・ 28
仕掛けで読み手の注意を引くのには限界がある　28／ストレスのない文章を29／メンタルモデルと「驚き最小原則」　30／「驚き最小原則」の実践　31／読者のことをよく知ろう　33／演習　33

1⑤　読み手は先を予測しながら読んでいる ・・・・・・・ 34
読みにくさの原因は「予測」にあり　34／読み手の予測をコントロールする36／予測をコントロールする手段は様々　37／演習　39

1⑥　事実に基づいて、正確に書く ・・・・・・・・・・・ 40
主張は客観的事実に基づいて書く　40／事実を正確に示すには　42／判断の主体を明確にする　43／演習　43

1⑦　再現性：読み手が同じことを再現できるように書く ・ 44
再現性が信頼性を担保する　44／再現性を高めるために書くべき「もの」と「こと」　45／情報の要不要を見極める　47／演習　47
COLUMN　仕事にとりかかる前に、主題文を書いてしまおう　48

■付属データのご案内

各TOPICの冒頭にある「POINT！」の図解画像は、本書の付属データとして以下のサイトからダウンロードしてメールやチャットソフトで共有したり、自作教材に転載してお使いいただけるようになっています。

https://www.shoeisha.co.jp/book/download/9784798158891

図解画像は Creative Commons Attribution-NonCommercial-ShareAlike 4.0というライセンス下で配布しています。使用方法ついては、以下のサイトをご覧ください。

https://www.shoeisha.co.jp/book/detail/9784798158891

■会員特典データのご案内

本書では、紙面の都合上、書籍本体の中では紹介しきれなかった内容を、追加コンテンツとしてPDF形式で提供しています。

会員特典データは、以下のサイトからダウンロードして入手いただけます。

●入手方法

❶以下のWeb サイトにアクセスしてください。

https://www.shoeisha.co.jp/book/present/9784798158891

❷画面に従って、必要事項を入力してください。無料の会員登録が必要です。

❸表示されるリンクをクリックし、ダウンロードしてください。

第1章

七つの原則

さて、それでは本番の始まりです。第1章ではどんな文章にも通じる、基本的な原則について学んでいきます。ここで説明している原則は、本書の他のTOPICの基礎となっています。基礎が身につくまで、何度もここに戻ってくることになります。焦らずじっくりと学んでいきましょう。

1 1 「主題文」を まず書いてみよう

POINT!

● その文章が伝えようとしていることはなにか？ をまず明らかにしよう

● 主題を一文にまとめた「主題文」を最初に書き、それを参照しながら文章を書こう

● 主題文の結論は、曖昧にせずはっきりと言い切ろう

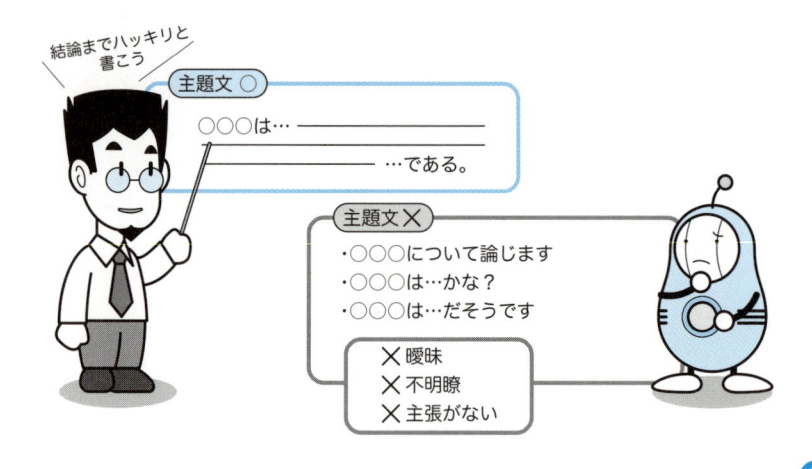

結論までハッキリと書こう

主題文 ○

○○○は… …である。

主題文 ✕

・○○○について論じます
・○○○は…かな？
・○○○は…だそうです

✕ 曖昧
✕ 不明瞭
✕ 主張がない

文章には必ず「伝えたいこと」がある

　レポートや論文の添削指導をしていると、結局その文章がなにを主張しようとしているのか、読み終えてもよくわからないことがよくあります。そこで、その文章を書いた本人に「この文章でなにを主張しようとしているの？」と聞いてみても、すぐに答えが返ってこないことが少なくありません。これでは、主張が明確な文章を書けるわけがありません。

　どんな文章にも、伝えようとしている内容があるはずです。特に学術文書や仕事の文書では、それは文書を書く前にはっきりと決まっているはずです

し、そうでなければなりません。それを確認しないまま文章を書き出してしまうと、自ずと主張が不明瞭な文章になってしまいます。

　文章を書き始める前に、まずは「自分がその文章でどんな主張を読み手に伝えることを目標としているのか」を簡潔に定めた文を書きましょう。これを「主題文」と呼びます。

 ## 主題文を書く

　「主題文」は、文章を書く前に用意する、その文章が伝えるべき主題を簡潔に示した文のことです。例えば、このTOPICの主題文は、

文章は、なにを伝えようとしているのか、その主張が明確であることが重要であり、そのためには文章を書く前にまず明確な主題文を書くことが大事である。

となっています。

　主題文の内容が曖昧だと、文章全体もつられて曖昧になりがちです。主題文を書く段階で、主張ははっきりとさせることが大事です。伝えたい結論を言葉にして、主題文に盛り込みましょう。例えば、「新しく開発した○○は、△△法で試験した結果、□□であったので、☆☆に適している」というように、結論まで言い切ることが大切です。

　反対に、明瞭さを欠く主題文はあまり役に立ちません。例えば、「新しく開発した○○の利点について説明する」とか、「○○について論じる」といったようなものは、主題文にはなりません。文章を書く第一歩から、主張を明確にする習慣を身につけましょう。

　主題文が決まれば、後はそれを参照しながら文章を書く作業を進めていきます。自分の文章がその目標に沿って書かれているか、作業中に頻繁に点検しましょう。目標に関係していないことを書いてはいけません。文章全体がその目標に貢献しているか、隅から隅まで配慮が行き届くようにしましょう。

 ## 主題文は何度でも直す

　文章を書き進めていくうちに、主題文に書いたことが、自分が本当に伝えたかったことから少しずれていることに気づくこともよくあります。慣れていないうちは、過不足のない主題文を一回で書けることはむしろ稀です。「④①　とにかく書いてみる」で説明しているように、手を動かしてみて初めて、自分が伝えたかったことがはっきりしてくることもあるのです。

　そんなときは、主題文を修正する必要があります。**書き慣れないうちは、面倒くさがらずに何度でも主題文を書き直しましょう。**修正した場合は、文章を書き進める手を止めて、文章全体が新しい主題文に沿っているか、再点検をするとよいでしょう。主題文を大幅に修正した場合、文章の部分的な修正では対処できないかもしれません。そんなときは、思い切って文章全体を書き直したほうがよいでしょう。ただ、そんな大幅な書き直しが何度も発生しては大変ですから、やはり主題文は早い段階でよいものを完成させるべきです。

　よい**主題文を書く上で、外の視点から見てもらうのはとても効果的です。**共著者や指導教員、上司といった人々に相談しながら書いてみましょう。また、第三者に主題文のみ渡して読んでもらい、主張がはっきりしているかどうか確認してもらうのもよいでしょう。ついでに、主題文だけ読んでも面白そうか、詳しく読みたいと思うかどうかも尋ねてみてください。この段階で面白いと思ってもらえるようなら、文章全体もきっと面白く仕上がることでしょう。

　気をつけないといけないのは、主題文は、映画の宣伝文によくあるような「あらすじ」ではないということです。最後まで内容をぼかさず、はっきりと書き切ってください。

 ## よりよい主題文を書くには

　よい文章を書く上で、よい主題文を書くことが大事であることをこのTOPICでは説明しました。とはいえ、よい主題文を書くのも決して簡単なことではありません。本書の他のTOPICを読んでいくと、よりよい主題文を書くためのヒントが沢山見つかるはずです。論文やレポートを書こうとしている人は特に「②⑤　本論は『IMR』」「④④　理工系論文の書き方」を参考にしてください。

演習

❶第1章「七つの原則」の各TOPICの主題文を予想して書いてください。

❷自分がこれから書こうとしている文章の主題文を書いてみましょう。次の「①②　読み手を意識する」でも使用します。

① ② 読み手を意識する

- 読み手は文章を「背景知識」と照らし合わせながら読んでいる
- 読み手のもつ背景知識を想定し、それに合わせて文章を書こう
- 未来の自分も他人。自分用の文書であっても客観性を意識して書こう

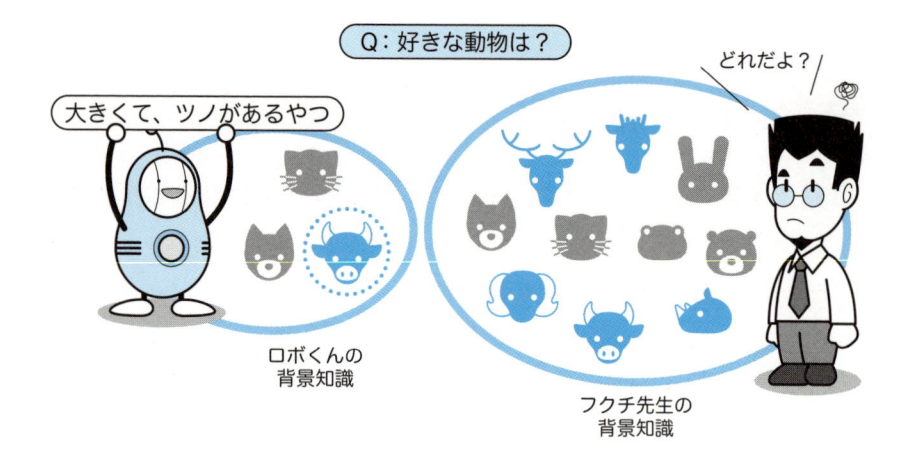

Q：好きな動物は？

大きくて、ツノがあるやつ

どれだよ？

ロボくんの
背景知識

フクチ先生の
背景知識

情報を誰に、どのようにして伝えるか

　その文章でなにを伝えようとするのか、とりあえず主題文は書けたものとします。その次に考えないといけないのは、その内容を「誰に」伝えるか、です。

　文章を書き出す前に、書き上がった文章を誰が読むのか、その読み手は内容についてどれくらいの知識をもっているのかをあらかじめ検討しておくことが大事です。というのも、その読み手の知識によって、新しい情報をどの

ように伝えるかが変わってくるからです。

　例えば、あなたが新しく「スマートフォン」というものを発明したとして、それをインターネットに触れたことのある人に伝えるのか、スマートフォン以前の携帯電話は使っていた人に伝えるのか、それすら使ったことのない人に伝えるのかで、その伝え方は自ずと異なってくるはずです。

　加えて、読み手が特にどんな話題に関心をもっているかも気にしておきたいものです。読み手は日々いろいろな情報に接しており、書き手とは異なる視点からあなたの文章に目を通すことになります。そのような相手に誤解なく明快に内容を伝えるためには、いきなり絞り込まれた地点から話を始めるのではなく、十分な背景知識を添えて伝える必要があります。その一方で、読み手が十分に知っているような情報は省いて全体を簡潔にしたほうが、文章が明快になります。

　こうした理由により、文章を書く前にはまず読み手のことを考える必要があります。そのためには、主題文と同様、読み手についてのおおまかな情報をあらかじめ準備しておくとよいでしょう。

書き手がどう思っているかではなく、読み手がどう読むか

　具体的な準備の仕方について学ぶ前に、読み手のもつ背景知識とこれから書く文章との関係について、もう少し説明を加えます。

　書き手はこれから書こうとしている主題のことで頭がいっぱいなので、文章に書いたどんな言葉でも、その主題と関連づけて読んでもらえるものと思い込みがちです。しかし読み手の立場は様々ですから、読み手は言葉を様々な立場から受け止める可能性をもっています。

　例えば、あなたはタクシーに乗っていて、スピードの出し過ぎが気になったので同乗者に向かって「メーターを見てごらん」と言ったとします。あなたはスピードメーターのつもりで言っ

実はこのメーターでした♪

わからんわ！

たのだとしても、それを聞いた相手は、料金が気になっていれば料金メーターのことだと受け止めるかもしれませんし、他にもタコメーターや燃料計など、様々な解釈の仕方があります。

　本TOPICの冒頭の図解でも示しているように、主張したいことは普通、広く知られている普遍的な知識を背景として、そこからの差分によって示されます。ところが書き手が思い浮かべている背景と、読み手がその文章を読みながら思い浮かべるであろう普遍的な背景との間にギャップがあると、差分だけ示していては主張が伝わらないことになってしまいます。読み手の背景知識に合わせて文章を書くことを心がけることが必要です。

自分の視点を「いま・ここ」から切り離す

　では、読み手がどのような背景知識を思い浮かべるのかを、事前に想定するにはどうすればよいでしょうか。これは簡単ではありません。というのも研究や開発に従事している間、私達はどうしても、いま着手している目の前の物事に意識が集中します。周囲に目を向ける余裕はもてません。

　しかし、いざそれを人に伝える段階では、それを普遍的な知識と比べ、差分を示していくことが必要になります。そのためには**「いま・ここ」から離れた視点から、「いま・ここ」について書く。これが原則です。**

　比較の対象となる普遍的な知識を得るには、その分野でよく読まれている書籍や論文などの文献に数多く目を通すとよいでしょう。時間はかかりますが、確実な方法です。沢山の文献を読むことで、それらに共通するものの見方が頭に入ってきます。

　文献に目を通すのに加えて、想定される読み手に属する人々と主題について実際に会話してみるのも効果的です。普段のミーティングや、学会や発表会といったイベントで出会う人々との会話にもヒントがあります。研究室の他の学生や同僚に話を振ったときの反応を思い浮かべながら、文章を書いてみましょう。

　ついでながら、「いま・ここ」から視点を切り離すことは、実は未来の自分のためでもあります。というのも、時間が経ってしまえば、いま自分が感じていることや考えていることは、次第にその印象が薄れ、記憶がおぼろげに

なっていくからです。普遍的な視点から「いま・ここ」を見返して記録しておくことは、後々必ず役立ちます。

実践

　主題文・対象読者・前提とする背景知識、の三つが揃ったらひとまとめにして書いておきましょう。次のような表にしておくのもよいでしょう。執筆中は常に見返せる場所に掲げておきましょう。

仕様書	
・なにを伝えるのか 　（主題文）	
・対象読者	
・主題について 　どこまで知っているか 　（背景知識）	

演習

　「①①『主題文』をまず書いてみよう」の演習で書いた主題文を基にして、仕様書を完成させてください。

大事なことは早く書く

● **もっとも大事なことは、まっ先に読み手に伝えておこう**
● **読み手の行動を喚起することを目指そう**

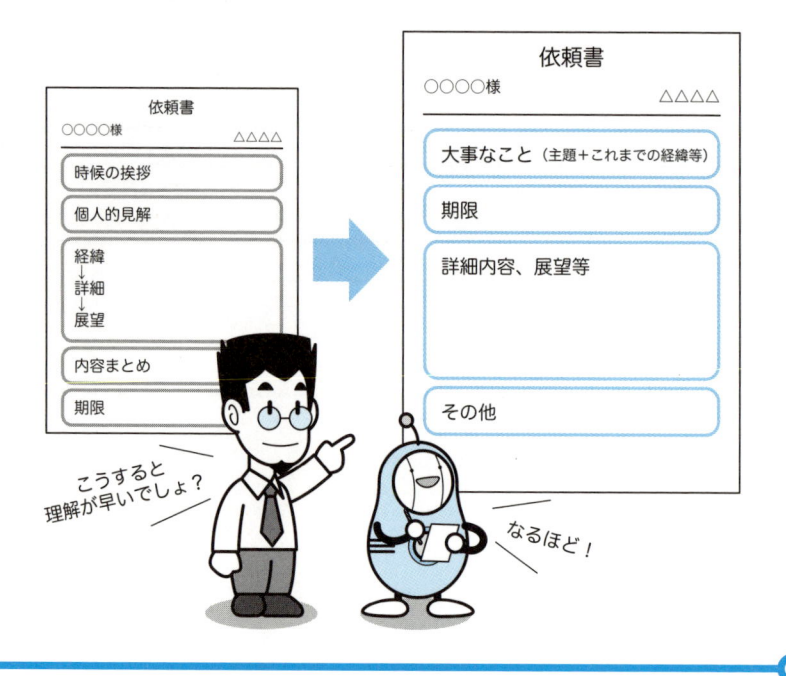

 ## 読み手は早く要件を知りたい

　文章を読んでいて、いつまで経っても肝心の要件が始まらず、イライラさせられた経験はありませんか。ひどい場合になると、最後まで目を通してようやく要件がわかったけど、それが自分とは関係のないことだった、なんて目に遭うことすらあります。

　読み手をそんな不愉快な目に遭わせないためにも、**大事な要件は文章の冒頭で開示しましょう。**

主題を最初の段落で提示する

　その文章で伝えたい大事なことは、すでに「主題文」という形でまとめてあるはずです。ですから、**文章のできるだけ早い段階、可能ならば最初の段落で、その主題を提示してしまいましょう。**

　ただ、いきなり主題を突き付けられても、読み手がとまどってしまうこともあります。「①② 読み手を意識する」で示したように、その主題を理解するために思い浮かべておくべき背景知識がありますから、そのことを読み手に意識してもらう必要があるのです。そこには「これまでの経緯」「なぜこの文章が書かれたのか」といった内容も含まれます。

　それ以上に必要なのは、**読み手にその文章から得た知識でなにを考えて欲しいのか、あるいはなにをして欲しいのか、それを明示すること**です。仕事の文書であれば読み手に次のアクションを起こさせることが文書の目的である場合が大半ですし、論文であればその結論を論拠として新たな研究に役立ててもらうことが目的です。

　本書で言う「大事なこと」というのは、このように、伝えるべき主題に加えて「これまで」と「これから」の情報を含めた、三つの部分からなります。このような構成法については、「②② 基本は『導入・本論・展開』の三部構成」で詳しく説明していますので、そちらを参照してください。

演習

　学校の先生あるいは職場の上司あてに、病気や事故などを理由に課題の締切の延長をお願いする文章を書いてみてください。どのような課題が課されていて、どのような理由でそれを締切までに達成できそうになく、具体的な対処としてどうして欲しいかを、文章の冒頭で伝えることを意識して書いてみましょう。

①④ 驚き最小原則

- 書き方で驚かすのではなく、内容で驚かそう
- 「読みやすい文章」のヒントは、「使いやすい道具」にあり
- 複数の書き方でどれがよいか迷ったら、読み手にとって驚きの少ないものを選ぼう

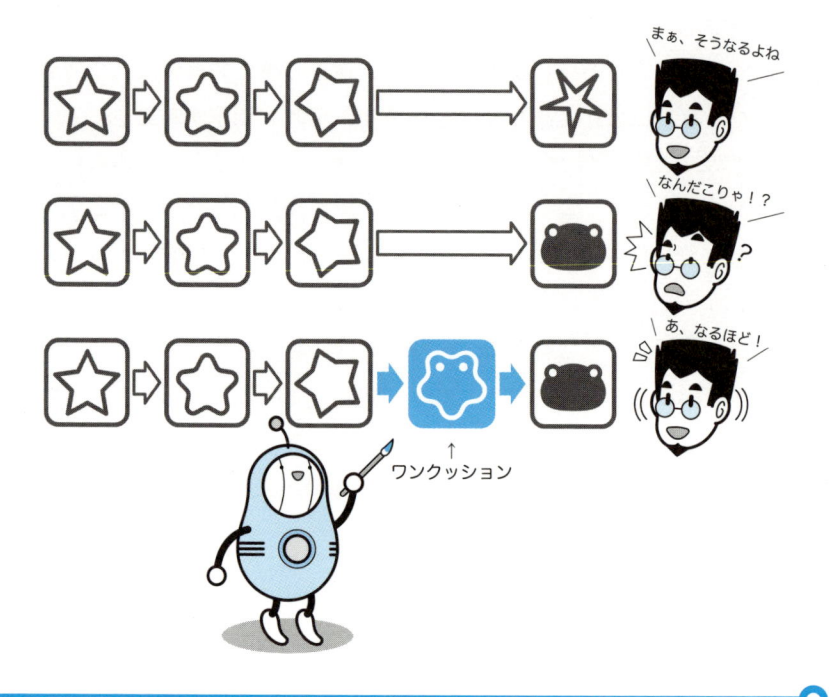

仕掛けで読み手の注意を引くのには限界がある

　文章は相手の注意を引きつけ、行動を促すことを目的として書かれるということを、①③で説明しました。文章を読んだ相手に、驚いたり関心をもったりして欲しいというのが、書き手の素直な気持ちでしょう。

しかし、だからといって文章自体の仕掛けによって読み手の注意を引こうとするのは感心しません。そういうのは「こけおどし」です。派手な色や大きな文字を見境なく使ったけばけばしい広告は、一瞬であれば目を引くことができますが、人はすぐにそれを胡散臭く思うようになるでしょう。同じように、こけおどしの文章を多発する書き手は、すぐに信用を失うものです。

そもそも、関心をもって欲しいのは文章そのものではなく、その主張であるはずです。ですから、最短距離で主張を理解してもらえるよう、文章はあくまでも裏方に徹するべきです。余計な注意を読み手に払わせるのは、読み手の負担となり、結果として読み手を主張から遠ざけてしまいかねません。

ストレスのない文章を

読み手に負担をかけない文章を心がける上で覚えていただきたいのが、「**驚き最小原則**」です。元々は人間工学や工業デザイン[1]のように、人間が使う道具の設計に関わる領域においてよく使われる言葉です。簡単に言うと、**「道具の設計は、利用者がそれを使う際にできるだけ驚かずに済むようにしよう」という原則**です。

例えばトイレの場所を示すシンボルを色分けする場合には、男性側を黒または青などの寒色系、女性側を赤やピンクなどの暖色系で塗るのが普通で、大半の人はその区別に慣れています。この配色をさしたる理由もなく入れ替えてしまえば、多くの人がとまどうことになるでしょう。そのような配色は、「驚き最小原則」に反していることになります。

同じようなことが文章にも当てはまります。読み手の注意を引きたいばかりに、これといった理由もなく奇をてらった文章を書いてしまうと、読み手は確かに驚いてくれるかもしれませんが、その驚きはすぐに醒め、書き手への不満へとつながります。

書き手はこけおどしに頼ることなく、読み手の読みやすさに最大限配慮して、文章を設計しましょう。

※1　これらは著者である福地・園山それぞれの専門分野です。

メンタルモデルと「驚き最小原則」

それでは、「驚き最小原則」の具体的な実践方法について学んでいきましょう。まずはデザインの分野における「驚き最小原則」の実践について簡単に説明します。

利用者はなにかの使い慣れた道具を使う際、「その道具はこれこれこういう仕組みで動くので、こう触ればこう反応するだろう」「こう使えばこうなるだろう」という、それまでの使用経験の蓄積に基づいた予測をしながら身体を動かしています。そうした経験則から導かれた、その道具に対して利用者が抱く仮想的な仕組みのことを「**メンタルモデル**」と呼びます。

例えばドアを開けようとする人は、そのドアノブの取り付けられ方を見て、それまでの経験からドアがどちらの方向に開くのかを無意識に予測し、それにあわせて手を伸ばします。予測通りにドアが開けば自分がドアを開けたことすら意識せずに部屋へと入っていくでしょうし、予測と違ってドアが開かなければ、ちょっと驚くでしょう。

驚きを最小にするデザイン

どちら向きに開くドアなのかを前もって予測させることで、驚きを軽減できる。

新しい道具を設計する際、設計者は利用者がその新しい道具をどのようなメンタルモデルに基づいて使うだろうか、という点に配慮します。その道具

が昔からある道具を改良したものであれば、利用者は改良される前の道具に対して抱いていたメンタルモデルに基づいて、その改良版を使おうとするでしょう。ですから、改良版の道具がそのモデルに反する挙動を見せると、利用者はとまどいを覚え、その道具を「使いにくい」と感じます。

もちろん、一から十まで既存のメンタルモデルに従って動くように設計しようとすると、新しい機能を盛り込むことはできません。新しい道具は必ず、既存のメンタルモデルに反する箇所がどこかにあります。つまり、新しい道具は常に「使いにくい」と利用者に思われるリスクを抱えているのです。

そこで設計者が考慮するのが「驚き最小原則」です。利用者がもつメンタルモデルに反する新しい機能を道具に組み込む際には、メンタルモデルと実際の挙動とのギャップをできるだけ小さくおさえるべきだ、という考え方です。ギャップを小さくするための手法はおおまかには以下の二通りです。

A：道具の挙動を利用者のメンタルモデルに近付ける
B：利用者のメンタルモデルを道具の挙動に近付ける

Aはつまり、道具の設計は利用者の馴染みのあるものからできるだけ外れないようにする、ということです。どうしてもそれが難しい場合にはB、つまり道具に対する利用者の認識を改めさせることで、メンタルモデルの修正を図ります。例えばスマートフォンアプリであれば、新機能についてのチュートリアルを設けたり、しばらくの間、その機能を呼び出すボタンを強調表示したりします[1]。

「驚き最小原則」の実践

さて、こうした考え方をライティングに当てはめてみましょう。文章の場合、「使いやすさ」を「読みやすさ」に置き換えて考えます。すると読み手が抱く「メンタルモデル」は、文章を読む際の、こういう文書ならこんな流れ

---

[1] 人間工学の分野における「驚き最小原則」の詳細な説明は、[Krug 2000][Raskin 2000][Weinschenck 2011][Norman 2013] などを参照してください。

で書いてあるだろう、この情報が書かれているなら次はこんな情報がきっと書いてあるだろうといった、先の展開に対する予測を生み出す経験則、と解釈できます。

したがって、**ライティングにおける「驚き最小原則」は、「文章を読みやすくするためには、読み手が予測する展開と実際の文章とのギャップを最小に保つべきである」**と翻案できます。具体的な実践手法については、

A：文章を読み手のメンタルモデルに近付ける
B：読み手のメンタルモデルを書きたい内容へ誘導する

と捉えることができます。

工業デザインにおいても、製品をユーザーのメンタルモデルに近づけるために、
インタビューや実験を通じて、ユーザーとその製品との関係性を明確にし、デザインに反映させます。
（図解担当：園山）

本書は、この原則に基づいたTOPICをいくつも含んでいます。「①⑤ 読み手は先を予測しながら読んでいる」や、「②① 既知の情報から新しい情報へとつなげよう」などが、その代表例です。これらのTOPICを読む際には、本TOPICの内容を思い返してみてください。

読者のことをよく知ろう

　デザインの分野では、利用者のことをよく知ることが大事です。普段どのような道具に慣れ親しんでいるのか、新しいものを手にしたときにどのように試行錯誤するのか、どれくらい飽きっぽいのか……設計段階で利用者を招いてのテストを頻繁に行う目的の一つは、自分達の製品に対して利用者が抱くメンタルモデルを深く理解することにあります。

　あなたが対象とする読者は、普段どのような文献を読んでいて、文章に対してどのようなメンタルモデルをもっているのか。広く読まれる文章を書くことを目的とするならば、デザイナーになったつもりで読者のことを考えましょう。**文章は、読者に合わせてデザインされるべきなのです。**

演習

　次の同じ内容だが表現が異なる二つの文のうち、どちらが読みやすいか選んでください。またその理由を「驚き最小原則」に基づいて説明してください。

A：すべての読者が同じ内容を読むものであるという紙媒体特有の前提が書籍にはあった。我々は、読者によって内容が異なるコンピュータを利用した書籍メディアを提案する。

B：これまで書籍は、すべての読者が同じ内容を読むものであるという前提があったが、これは紙媒体特有の制約でしかない。我々はコンピュータを利用した、読者によって内容が異なる書籍メディアを提案する。

 読み手は先を予測しながら読んでいる

POINT!

- 文章を読むとき、読み手は常にその先の展開を予測しながら読んでいる
- 予測が当たりやすい文章を書くと、読みやすくなる
- 読み手の予測を、書き手の主張する内容へ向けて誘導しよう

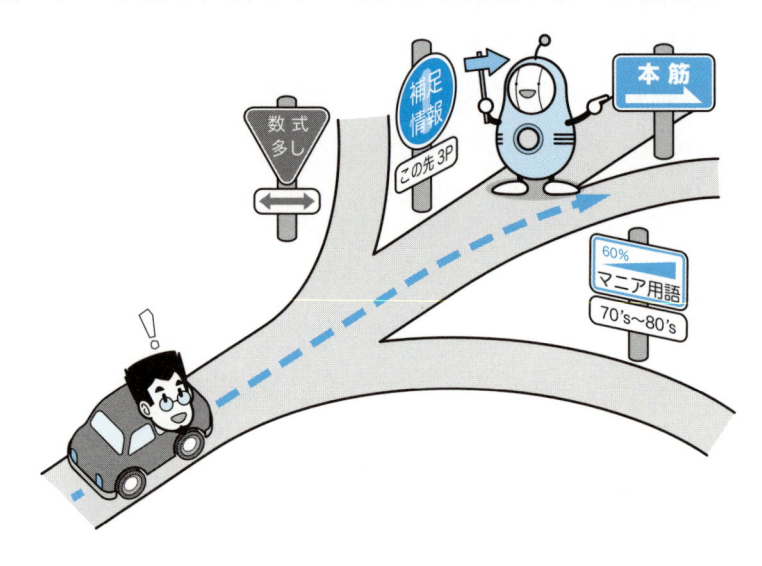

読みにくさの原因は「予測」にあり

　自分で読んでみてもそれほど読みにくいとは思えない文章なのに、他人に読んでもらうと「なんだか読みにくい」と言われてしまうことがあります。こうしたときには自分の文章を読み手の立場になって読み返してみるとよいのですが、そこで念頭に置いていただきたいのが「予測」です。

　読み手は文章を読みながら、それまでの内容を手がかりにして、その先の展開を予測しています。

　ちょっと実験してみましょう。次に並べた単語はいずれも、先頭と最後の文字は元の単語のままですが、間に挟まれた文字をでたらめに並べ換えています。元の単語を推測しながら読んでみてください。

A：たねまぎ　えまだめ　さいまつも　とがらうし　ほんそうれう　さどんえやう

　スラスラとは読めないにしても、だいたいはつっかえずに読めたでしょう。では、次の単語群ではどうでしょうか。条件は同じです。

B：たのけこ　ほりうつ　せくんたき　ぶぼうんぐ　せいかんすん　たまらわいし

　今度は、読むのにちょっと時間がかかったのではないかと思います。
　Aのほうは、「たまねぎ」「えだまめ」がわかった後は、どれも野菜の名前だろうと予測しながら読んでいくことになります。そのため、「さ」が目に入った瞬間にもう、「さ」で始まる野菜の名前が候補として無意識に頭の中に浮かぶため、すぐに「さつまいも」だということがわかるわけです。一方、Bのほうはそうした予測によって効率を高めることができないため、つっかえてしまうのです。
　私達は、文章を読むときにはこのように、それまでの内容を手がかりにしてその先をおおまかに予測し、その予測と実際に書かれた内容との関連を判断しながら読んでいます。予測と実際に書かれた文章とが合致していればスイスイ読めるのですが、予測が立て続けに外れてしまうとそこに意識がひっかかってしまい、読みにくいと感じます。また、そもそも予測の立てようがない文章でも、同じように読みにくさを覚えることになります。

読み手の予測をコントロールする

　文章展開についての予測は、それまで読んでいた文章の内容から読み手が組み立てたメンタルモデルから導かれます。「①④　驚き最小原則」で説明したように、メンタルモデルによる予測と実際の文章とのギャップが、読みにくさを生じさせる原因です。これを軽減させるには、「驚き最小原則」に少しアレンジを加えた、以下の三つのポイントを心がけましょう。

1. 読み手が予測を立てやすい文章を書く
2. 読み手の予測から外れないように書く
3. 予測から外れる文章を書かねばならないときはそれを予告する

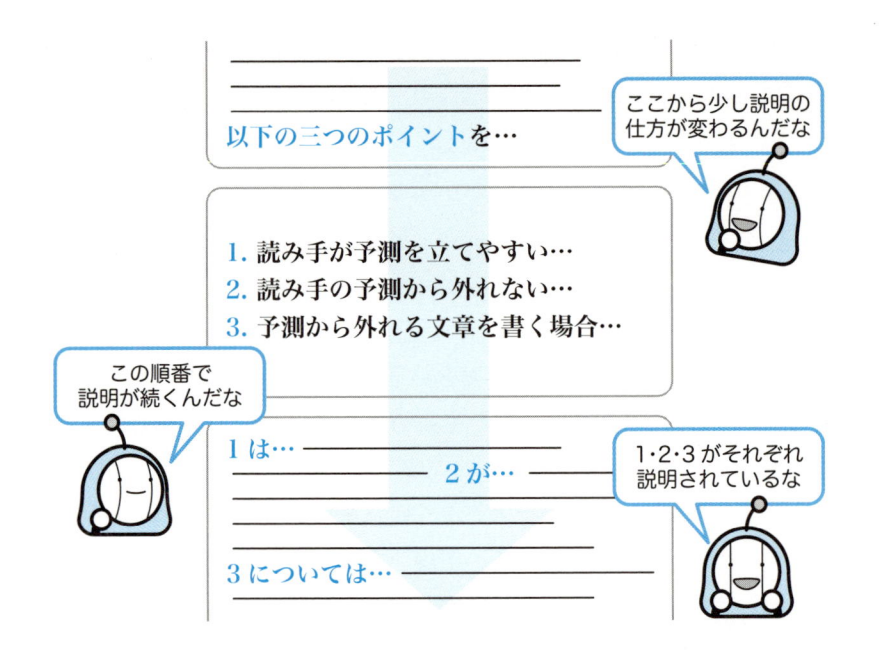

　この項の文章そのものを例に、説明しましょう。三つのポイントを箇条書きにしておくと、「この後に、この順番で詳しく説明していくのだな」ということを、これまでの読書経験から読み手は予測します。これが、1.の「予測を立てやすい文章」の実例です。

　また、「1. 2. 3. の順番で説明するだろう」と読み手は予測しますので、その順番に沿って文章を書くべきです。これが、2.の「予測から外れないように書く」の実例です。

　最後に、箇条書きの直前の文章を見てください。

したように、メンタルモデルによる予測と実際の文章とのギャップが、読みにくさを生じさせる原因です。これを軽減させるには、「驚き最小原則」に少しアレンジを加えた、以下の三つのポイントを心がけましょう。

　1. 読み手が予測を立てやすい文章を書く
　2. 読み手の予測から外れないように書く
　3. 予測から外れる文章を書かねばならないときはそれを予告する

　通常の文が続いた後は、その後も通常の文が続くだろうと予測が働くのですが、説明の都合上、その後に箇条書きを置くことにしました。そのままだと読み手の予測から外れることになりますので、「以下の三つのポイント」と、その後の展開がそれまでと異なることを前もって予告しています。これが、3.の実例となります。

　もちろん、読み手が100％予測できる範囲内で文章を書き切ることは不可能です。もし本当にすべて予測できてしまうのであれば、新しいことは何一つ書かれていないことになりますから、そんな文章を書く意味はありません。新しい情報を読み手に伝える上では、単に読み手の予測に従い続けるのではなく、**書き手が書こうとしている内容のほうへ、読み手の予測を誘導していくことが肝心です。**

予測をコントロールする手段は様々

　読み手は、文章の様々な要素を見ながら予測を組み立てていきます。その予測を、書き手の思惑へ向けてコントロールする手段はいろいろあります。

　例えば「接続詞」は便利な手段の一つで、「しかし」とか「ところで」と書くだけで、その後の展開をおおまかに予告することができます。章や節につ

けられる題は、その文章のまとまりがなにについての説明であるかについて、情報を読み手に与えます。

　さらには、書こうとしている文章が関係する分野には、それぞれの分野ごとに定石となる書き方があるでしょうから、それにのっとって書くことで、その文章全体の受け止められ方をコントロールできます。論文調で書けば論文として読まれるでしょうし、くだけた文体で書けば軽い気持ちで読まれるでしょう。

　本書ではこの、予測をコントロールすることによって読みやすさを向上させるための手法をいくつも紹介しています。自分の文章に読みにくさを感じたら、あるいは他人に読みにくさを指摘されたら、読み手がどのような予測をしていて、自分の文章がどうしてそのような予測を誘発したのか、という観点で文章を点検してみましょう。

次の文章を、まず紙で隠してください。次に、紙を少しずつ動かして単語を一つずつ確認しながら、その後にどんな言葉が続くかを予測してください。自分の予測がどのように誘導されているかを意識しながら読み進めましょう。展開が予測から外れる箇所があったら、文章を改善して読みやすくしてください。

むかしむかしあるところに、おじいさんとおばあさんが住んでおりました。ある日のこと、おばあさんは川へ洗濯に、おじいさんは山へ柴刈りに行きました。おばあさんが川で洗濯をしていると、なんと川上から大きな桃が、どんぶらこ、どんぶらこと流れてきました。桃を川から拾いあげたおばあさんは家へ桃を持って帰りました。

事実に基づいて、正確に書く

- 自分が調べたこと・作ったもの・実験結果などの客観的事実を正確に記述しよう
- 意見や判断は、事実と混ざらないよう明確に分けよう
- 判断の主権は読み手にあり、書き手は判断材料を読み手に渡すことが使命と心得よう

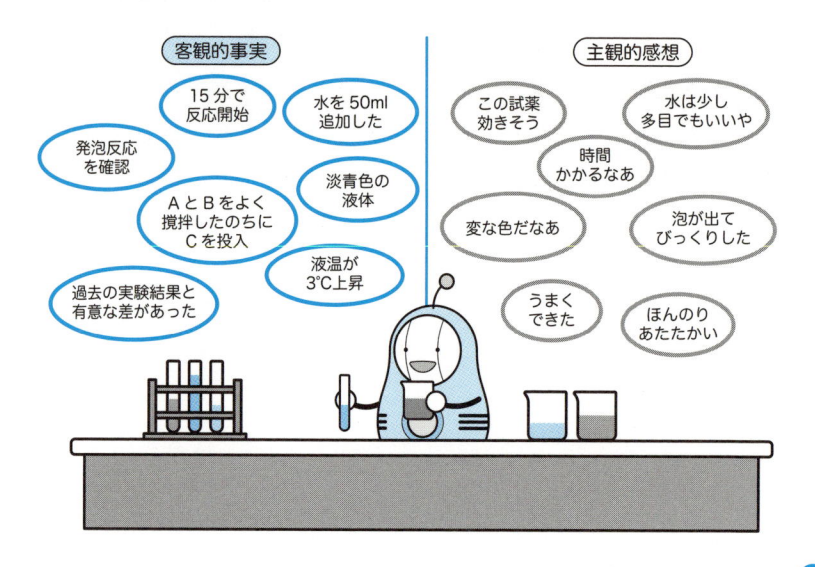

主張は客観的事実に基づいて書く

　報告書や論文など、本書が対象とする文書では基本的に、**新しくわかった事実を多くの人に伝える**ことを目的としています。ですから、その「事実」を正確かつわかりやすく伝える文章をどうやって書くかが、本書の焦点の一つになっています。

　一方で、文書の頭から終わりまで事実のみで、書き手の意見をまったく含

めずに書けばよいということは、まずありません。文書には必ず主張があり、その主張を書き手の意見や判断を含めずに書くことはできないからです。むしろ意見や判断を積極的に盛り込んだほうが、読み応えのある文書になるくらいだと著者は感じています。

　大事なのは、読み手から見てその記述が事実の提示なのかそれとも書き手の意見なのか、つまり**客観なのか主観なのかをはっきりと区別できるように書く**ことです。事実は検証を重ねていくことで一つに収束する、万人が共有できる財産ですが、意見は人によって様々であり、常に反論が存在しうるものです。両者を混同してしまうと事実の共有を困難にします。

　また、書き手が導き出した意見や判断については、その妥当性を読み手が検証できるだけの論拠を合わせて示すことも大事です。意見の論拠が具体的に明示されていれば、意見に対する反論も「あなたの意見は、この部分はもっともだがこの部分については論拠が不足している」と、具体的かつ詳細に行うことができます。そのような反論に対しては、指摘された部分の論拠の強化を目指せばよいことになります[※1]。

　このように、具体的な事実や論拠を基に意見を戦わせることが、科学の主要な営みの一つです。そうした発展に寄与するためにも、事実や論拠を意見と明確に分離して提示することが書き手には求められるのです。

○ 論拠なしに意見を押し通してはいけない

　反対に、やってはいけないのは書き手の意見を論拠なしに押し通そうとすることです。レポートの添削をしていると、同じことをやたらと繰り返し書いたり、語調を強めたりして、書き手の意見があたかも事実であるかのように断定的に意見を述べたものをよく見か

事実に基づいて堂々と主張！

※1　主張・事実・論拠などのより詳しい区別については［Booth 2016］が参考になります。

けます。しかし、そうした文章はえてして論拠が薄く、説得力を欠いています。くどい文章は自信がないことの裏返しなのでしょう。

　ある心理学の研究では、人は自信がないときほど、かえって熱心に声高に主張することを実験で明らかにしています（Gal & Rucker 2010）。逆に言えば、自分の意見の正しさに自信があるなら、事実を基に淡々と伝えることを心がけるべきです。

事実を正確に示すには

次の文を読んでみてください。

今回のプロジェクトに機械学習による推薦機能を追加するのは、実用的な処理速度をもたせようとするとコスト面で不安があり、納期的にも厳しいものがあります。

　この文章は書き手の意見が多く、またその論拠は漠然としており、十分に説得力があるとは言えません。

　理工系の文章で事実を示す上で手っ取り早いのは、量で示せることは量で示すことです。例えば「コスト面で不安」は、具体的にどれくらいの費用増加が見込まれているのか、その試算を数字で示せばよいことになります。納期についても同様に、どれくらいの開発期間が見込まれているのかを、算出根拠と合わせて示すのが確実です。

　書き手が自ら導き出した論拠ではなく、先行する研究や事例を論拠として利用する場合には、それについて書かれた文献を参考文献として引用します。例えば「参考文献1によれば、実用的な推薦機能を実現するには○○のメモリ空間が必要になるとのことであり、そのためには△△円の費用増加が見込まれる」のように書くことになります。

　これら具体的な論拠の示し方については、「①⑦　再現性：読み手が同じことを再現できるように書く」および「④⑥　引用の仕方」で詳しく述べて

いますので、そちらを参照してください。

判断の主体を明確にする

上記の他にレポートや論文でよく見かけるのが、「〜は〜であると考えられる」「〜は〜と判断可能である」といったような、受動態の文章です。これらはいずれも、その判断の主体が誰なのかが曖昧になっています。先行する研究によって示された判断なのか、書き手が主観的に下した判断なのか、その判断の主体を明確に示さないと、読み手はどれが書き手の意見なのかを識別できません。**「私は」「筆者は」あるいは「誰それは」というような、主格となる言葉を示して判断の主体を明らかにしましょう。**

著者個人の体験で言うと、判断の主体として「私は」とはっきり書くたびに「本当にそう言い切れるかな」「論拠が不足していないかな」と点検する気持ちが生まれます。また、「私はこれらを論拠にこう判断します。あなたはどう思いますか」と問いかける気持ちを、あらためて再確認できるという効能があるとも思っています。皆さんも試してみてください。

相手になにがしかの行動を依頼する、短い文章を書いてみましょう。依頼内容は「新しいサーバーを買って欲しい」でも「次の旅行先をハワイにしよう」でも、なんでも構いません。ただし、必ず論拠を2〜3点、文章に盛り込んでください。

1 7 再現性：読み手が同じことを再現できるように書く

- なにかの手順を説明する文書では「再現性」が大事
- 読み手がそれを再現できるのに十分な情報を提供すること
- 曖昧な箇所がないか何度も点検しよう

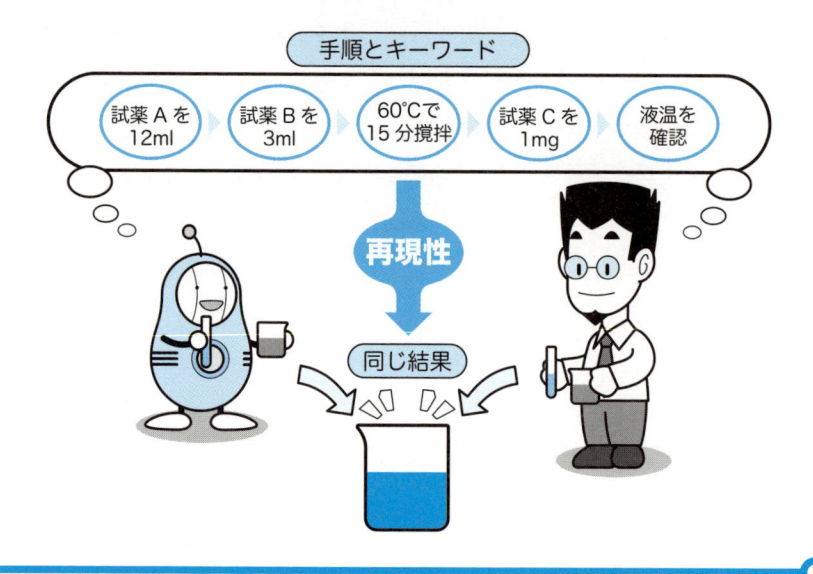

手順とキーワード

試薬Aを 12ml → 試薬Bを 3ml → 60℃で 15分撹拌 → 試薬Cを 1mg → 液温を 確認

再現性

同じ結果

再現性が信頼性を担保する

　学術文書では多くの場合、研究に基づく調査結果や実験結果を報告することが主目的です。そしてその結果の信頼性を担保するのが「**再現性**」という考え方です。**文章を読んだ他の人がその調査や実験を同じように実施してみて、同じような結果が得られるのであれば、その結果の信頼性は高まります。**したがって、報告書や論文では、誰でも同じことが実施できるくらいに詳細な情報を提供することが求められます。「再現可能性」とも呼びます。

　例えば実験であれば、「論文に書かれた情報だけで、必要な実験器具・試料

を揃え、実験を再現することができるか」が、まず問われます。同じ条件で実験が実施できるだけの情報が記載されていない場合、「再現性が不足している」と評価されます。もし再現実験によって得られた結果が論文に記載されたものと同等であれば、論文の信頼性が高いと評価されます。また、観察に基づく調査であれば、「同じ観察手法を同じような観察対象に適用することができるか、またそこから同じ結論が導けるかどうか」が問われます。

再現性の高い文章を書くことは、研究結果の信頼性を高める上で大変重要になります。不正を防ぐのはもちろんですが、不正の意図はなかったにしても、研究にはどうしても間違いが生じる可能性があります。再現実験による検証はそうした間違いが及ぼす悪影響を食い止めるのに役立ちます。また、研究者・技術者になることを目指して研鑽を積んでいる学生やポスドクは、他人の研究の再現実験を通じて研究に対する理解を深め、腕を磨くものです。

研究に関する詳細な情報は、分野の発展に大きく寄与することになります。再現性の高い文章を書くことを、常に心がけましょう。

再現性を高めるために書くべき「もの」と「こと」

再現性が求められる文書の身近な例に、料理のレシピがあります。レシピには、必要最低限の料理の技術さえあれば誰でも同じ料理が作れるくらい、詳細な情報を記すことが求められます。

レシピでは、材料の種類やその量を示す情報に加えて、それらをどのような手順でどこに注意して調理するのか、その過程についての情報がとても重要です。ところが、前者を正しく書くのは簡単ですが、後者を正しくかつ必要十分に書くのは難しく、情報不足になりがちです。ネットでレシピを検索して読んでみるとわかりますが、書き手としての巧拙は調理手順の記述によく表れます。

学術文書や仕事の文書でもまったく同じです。材料や器具などの「もの」に関する情報だけでなく、**いかにしてそれらを使うのかを伝える、「こと」に関する情報が重要です。**そしてこれまたレシピと同様、行ったことを具体的に、かつ背景知識を添えて明確に書くのは難しいのです。

「もの」だけでなく「こと」を明確に書く技術を身につけましょう。

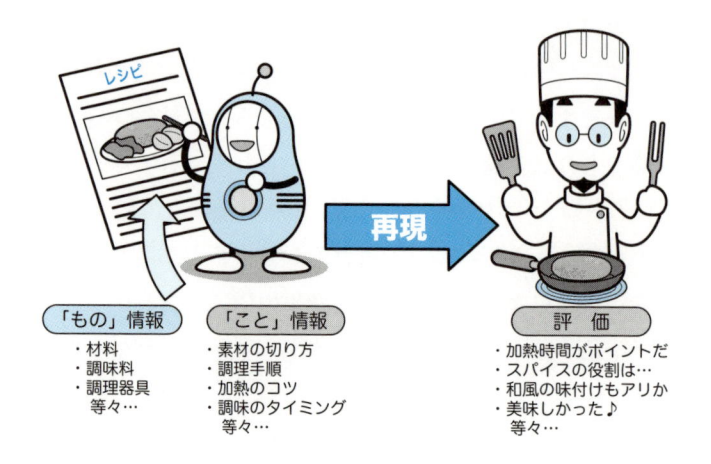

● 再現性を高めるために提供すべき情報

再現性を高めるにはどのような情報を提供するべきでしょうか。以下にその一部を例示します。

・料理レシピ：材料や調味料の種類と量、切り方、火加減と加熱時間
・科学実験：実験環境・使用器具・試料・実験手順・計測手段・分析手法
・技術文書：使用環境・使用器具・実施手順・注意事項・予想される結果

上記はあくまでも一例です。調査や実験の内容によって、どんな情報がどこまで具体的に求められるかは異なります。先行する研究の論文を読むと、その分野の人々にどのような情報が求められているのかがわかりますので、それを真似るところから始めるとよいでしょう。

他にも、特に「こと」についての再現性を高める上で、「なぜ」その「こと」を行ったのか、その理由を書くと「こと」の目的が明確になります。

詳しくは「③②　『なぜ』の不足：理由を補って主題の立ち位置を明確にする」や「③⑧　起きたことを時系列で語らない」を参照してください。

情報の要不要を見極める

　さて、できるだけ詳細な情報が求められているからといって、なにからなにまで書けばいいというものではありません。しかし情報の要不要を見極めるのは、本質的に難しい問題です。実験に関係あるかどうかわからないことをすべて検討していたら、いくら時間があっても足りません。先行研究を参考にしたり、指導教員や共著者とよく相談したりすることが大事です。

　学術論文の場合、論文の投稿先で書くべき情報のガイドラインやチェックシートを配布していることがありますので、それらを確認するとよいでしょう。また、実験手順についてのより詳細な記述や、実験に用いたデータセットやプログラム、実験結果の生データなどの提出を義務づけ、より再現性・信頼性を高めるための取り組みをしている組織もあります。投稿先がそうした要求をしているかどうか、投稿前によく確認してください。

❶目玉焼きのレシピを書いてみましょう。再現可能性を意識して、詳細に書いてみてください。

❷次にそのレシピを、他人の視点からできるだけ意地悪に読んで、記載されている情報に従いながらもどこまで失敗できるか、検討しましょう。

仕事にとりかかる前に、主題文を書いてしまおう

「主題文」は、文章を書く際に常に参照し続ける目標として掲げる文ですが、実は**仕事を進める上での目標としても効果があります。**

例えば、新規プロジェクトとして、監視カメラ画像から不審人物を検出する画像解析ソフトウエアを開発することになったとしましょう。そのようなソフトウエアはすでに市場に存在するので、開発目標は、「従来のソフトウエアより性能を向上させる」とか、「それまで検出できなかった対象を検出できるようにする」といったものになるはずです。なので将来書くことになるであろう報告書の主題文は、「従来の監視カメラ用画像解析ソフトウエアでは困難だった、○○な環境において△△を検出できる画像解析ソフトウエアを開発した。□□法による試験の結果、従来はX%にとどまっていた検出率がY%に改善された」といったものになるでしょう。これを、開発目標として最初から掲げてしまおう、ということです。

主題文を仕事の始めから掲げておくことで、目標と関わりのない余計な仕事に現場が迷い込むことを防ぎ、仕事が向かうべき先を明確にすることができます。また、主題文は同じプロジェクトに従事する人々の間での意識の擦り合わせにも役立ちますし、上司や指導教員に進捗状況を報告する際にも、達成度合を明確に伝えやすくなります。

目標を事前に明確にしておくことの重要さは、多くの人々によって主張されています。学術研究の進め方を説いた『リサーチの技法』（Booth 2016）では、研究の最初の段階でまず研究の核となる問いを明らかにすることを推奨しています。また『イシューからはじめよ―知的生産の「シンプルな本質」』（安宅 2010）では、上に掲げたような具体性をもたせた主題文を「イシュー issue」と呼び、仕事にとりかかる前にまず「イシュー」の段階でそれをよりよいものに研ぎ澄ますことが大事であると主張しています。

ただ、まだ仕事に慣れていないうちは、最初から優れた主題文を書くのは難しいものです。そこで、

・まずは主題文を書いてみる
・仕事を進めながらその改善を続ける

ところから始めてみましょう。

第2章

構成を練る

基本的な原則を理解したら、いよいよライティングを実践してみましょう。
実践において多くの方が共通して抱えている悩みが、文章をどう組み立てるか、です。
知っている情報をただ並べて書くだけでは、決して読みやすい文章にはなりません。情報をどのように並べれば、読みやすく、かつ説得力のある文章になるのか。
本章ではそこに焦点を当てて説明していきます。

既知の情報から
新しい情報へとつなげよう

POINT!

- 読み手は既知の情報を手がかりにして新しい情報を理解する
- 情報を与える順番を意識して、理解しやすい文章を仕上げよう

前触れ無く現れる新規情報は読み解くのが大変

読み手の既有知識を踏み台にして読み易くする

読むことは能動的な行為である

　私達は文章を読むとき、そこまで読んできた文章の内容を手がかりにして、続く言葉をそれまでに獲得した情報と結びつけながら理解を進めています（Bransford & Johnson 1972、Carrell & Eisterhold 1983）。例えば次の例文を読んでみてください。

「美代子がハンカチをたたんでくれた。ハンカチはしわくちゃになった」

　多くの方は、「あれ、しわくちゃになるの？」と、ちょっととまどいを覚えたことと思います。ハンカチをたたんだら、普通は綺麗になりますよね。でも、もしもこの文章の前に「娘の美代子は最近、家事の真似事をしたがるようになった。」といった意味の文があったらどうでしょう。「美代子はおそらくまだ子供である」「美代子ができる家事はまだ真似事程度である」という事前情報があるので、今度は続く文章をすんなりと理解できますね。

　このような、文章を読む前に読み手が得ている知識のことを「**既有知識**」と呼びます。**読み手の理解を促すには、関連する情報を既有知識としてあらかじめ読み手に獲得させておくことが重要です。**

　既有知識は、「①⑤　読み手は先を予測しながら読んでいる」で説明した、先の展開に関する予測にも関係します。読み手に適切な既有知識があれば、より精度の高いメンタルモデル（「①④　驚き最小原則」参照）を構築できるため、予測精度が高められ、理解を深めることができます。その意味でも、既有知識をどう提供するかが大事なのです。

　文章を読むというのは、一見すると受動的な行為のようにも思えますが、読み手は持てる知識を動員して、先を予測しながら読んでいます。読むことは能動的な行為である、と考えてください。このことは文章を書くときにだけでなく、読むときにも意識しておくとよいでしょう。

既有知識を用いて話題を絞り込む

既有知識　話題

既知の情報を手がかりにして新しい情報を提供する

　読み手に事前情報をどのように提供すべきか、それはその事前情報の大きさによって様々です。1章を費やして提供すべき場合もあれば、文のレベルで調整できる場合もあります。まずは文のレベルでできることを練習問題としてやってみましょう。

練習問題

「部品Aに部品Bを組み合わせて部品Cを作る」という文がすでにあるとします。そこに続ける文として、次のうちどの文がもっとも読みやすいと感じるでしょうか。

1.　次に部品Cに、部品Dを組み合わせて完成品を作る
2.　次に部品Dに、部品Cを組み合わせて完成品を作る
3.　次に完成品を、部品Dに部品Cを組み合わせて作る

　この中では、1.がもっとも優れています。「部品C」は「既有知識」となっていますので、それを手がかりにすることで「部品C」と「部品D」および「完成品」との関係を説明できています。

2.の場合、文頭に「部品D」という新規情報があるため、それをどの既有知識に結びつければよいのか、一瞬判断がつかず、理解が遅れてしまいます。3.では、「完成品」「部品D」という二つの未解決情報を抱えたまま読み進めることとなり、これらが理解を妨げる要因になってしまっています。

上で示した例はいずれも短い文章なので、優劣の差があると言ってもわずかな違いですが、大きな文章を単位として構成を考える場合は、こうした説明の順序がもたらす影響は大きくなってきます。説明の順序が理解に与える影響については、「③④　全体から詳細へ」でも取り上げていますので、あわせて参考にしてください。

大事なこと、先に書くか？ 後に書くか？

さて、ここまでに述べてきたことは、言い換えれば「大事なことを伝えるときは、その前にそれを理解するのに必要な情報を書け」ということになります。しかしこれは、第1章で説明した「①③　大事なことは早く書く」と、一見矛盾するように見えます。いったいどっちが本当なんだ、と思われるかもしれませんが、この二つは矛盾しているわけではありません。

「①③　大事なことは早く書く」で説明しているのは、**主題の概略を早く示して、文章全体について興味をもってもらうための情報を提示せよ**、ということです。読む「きっかけ」となる材料は早く提示せよ、ということを意味しています。一方、本TOPICで主張しているのは、**主題をより深く理解する上で必要となる事前情報は、主題より前に提供せよ**、ということです。つまり、すでに読み手が読むきっかけを掴んだ後のことを対象としています。まとめると、「主題の概略→主題についての事前情報→主題」の順に提供せよ、ということになります。

これを実践するのが、次の「②②　基本は『導入・本論・展開』の三部構成」です。

②② 基本は「導入・本論・展開」の三部構成

POINT!

- 文章全体を「導入」「本論」「展開」の三部構成にしよう
- 「導入」で読み手を引き込み、「本論」でじっくりと情報を伝え、「展開」で読み手にお土産を持たせよう

読みにくいのは文章が「構成」されていないから

　文章初心者にレポートや報告書を書かせてみると、書き出しから手が止まってしまうということがよく起こります。主題文はとりあえず書けても、その主題をどう文章として書き起こせばいいのか、構想がまとまらないようです。結果、ゴチャゴチャして読みにくいものができあがりがちです。

　読みやすい文章をスピーディーに書くためには、**文章構成を考えることが大事**です。主題を支える情報群をどのように整理し、どんな順番に配列して読み手に与えるかを、文章を書き始める前に設計しておきましょう。構成が

決まりさえすれば、書きやすい箇所から文章を書き始められるので、書き出しでつまってしまうことも避けられます。

　文章構成の手法は様々なものがありますが、まずは基本となる「三部構成」を学びましょう。

「導入・本論・展開」

　ここで紹介する「導入・本論・展開」という三部構成は、様々な文章に適用できる、もっとも基本的な文章構成法です[※1]。よく知られている「序論・本論・結論」と似ていますが、もし序論や結論の書き方をこれまでいい加減にしか習っていなかったら、いったん習ったことを忘れて、各部の役割をここであらためて学んでください。

　それでは各部の役割を詳しく見ていきましょう。

● 導入

　「導入」は読み手が最初に目を通す場所で、言ってみれば「入り口」に相当します。デパートでも遊園地でも、入り口にはたいてい看板と地図があり、そこがどのような場所で、中にどのような施設があるかをざっと知ることができるようになっています。同じように、**「導入」はその文章がどんな内容を扱っていて、どこにどんなことが書いてあるのかを示すことで、読み手がその文章を読むべきかどうかを判断できるようにする役割をもちます。**

　導入の役割はもう一つ、その文書を読み進める上で必要な既有知識を読み手に思い出させ、先の展開に備えてもらうことにあります。「②① 　既知

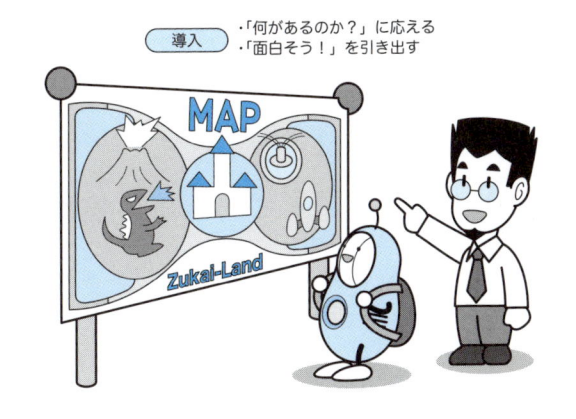

導入 ・「何があるのか？」に応える
　　 ・「面白そう！」を引き出す

※1　英語圏では "Context-Content-Conclusion" (C-C-C) という三部構成が知られていますが（Brett 2017）、基本的には同じものです。

の情報から新しい情報へとつなげよう」で説明したように、読み手は既知の情報を手がかりにしながら新しい情報の理解を進めようとします。ですから、本論に入る前にまずは、その本論がどんな内容に関するものなのかを予告しておくことで、読み手に理解を促すことができます。

● 本論

「本論」は、書き手が読み手に伝えたい情報を詳しく説明する部分です。実際に起きたことや調べたこと、考えたことがその主な内容であり、おそらく書き手にとってもっとも書きやすく、かつ書きたい部分と言えるでしょう。

ただ、その書きやすさが故に、つい冗長になりがちな部分でもあります。思いつくままに書いてしまうと、同じことの繰り返しになってしまったり、重要な情報が長文の中に埋没してしまったりしがちです。

これを避けるためには、「導入」や、この次に述べる「展開」の部分で書くことは、本論からは思い切って省いてしまうことが大事です。三つの部分それぞれの役割をよく考え、無駄をそぎ落とした文章を心がけましょう。

● 展開

「展開」は、本論で示した情報をどのように判断し活用するのか、書き手からの要望やアドバイスを読み手に伝える部分です。それによって、読み手になにかしらの行動を喚起することが目的です。

その意味で「展開」は「出口」であり、読み手を元の世界に送り返す部分とも言えます。読み手がその文章を読んでよかったと思える、「使える情報」をお土産として持って帰ってもらいましょう。

まず書いてみて、後から整理しよう

前項で「導入・本論・展開」が目指すべき文章の構成であることはおわかりいただけたと思います。では、実際に書く手順は、どのようにすればよいでしょうか。ここでは最初の心得として、「書きやすいところから書く／整理は後から」を覚えてください。より詳細な手順については、第4章「ライティングの実技」で詳しく解説します。

　まずはとにかく書いてみて、スタートを切ることが大事です。書きやすいところからどんどん書いてください。三つの部分の中では、おそらく「本論」が一番書きやすいでしょう。実際に起きたことや調べたことに基づいて書けるからです。

　書いていくうちに、「この内容を伝えるには読み手にあらかじめ伝えておくべきことがあるな」とか、「この後こう考えて欲しいな」といったことが見つかるはずですので、それらはメモしておきます。

　ひとまず本論を書き終わったら、メモを見返して、「導入」と「展開」になにを書くべきかを整理します。また、読み手のことを思い浮かべながら、この文章を読んでもらうためにはどんな情報がさらに必要か、読み終わった後に文章が有用であったと思ってもらうにはどう展開すべきか、を検討していきます。検討が終わったら、それらを三部構成のそれぞれどこに配置するかを考えた上で、文章の形に書き起こしていきます。

　最後に全体を読み直して、この展開を主張するのに本論の内容は十分か、導入で書いたことと本論との間に矛盾はないか、本論に不要な情報を書き過ぎていないか、といったことを点検して完了です。

演習

　この「❷❷　基本は『導入・本論・展開』の三部構成」のTOPIC自体が、「導入・本論・展開」の三部構成をとっています。文章のどの部分がどの部に相当するか、分析してみてください。またそれぞれの部の主題を1〜2行にまとめて書き出してみましょう。

三部構成のパーツを組み合わせる

- 文章のまとまり＝パーツを組み合わせて大きな文章を構築しよう
- パーツ自体も三部構成で書こう
- パーツが大きいときは、小さなパーツに分割しよう

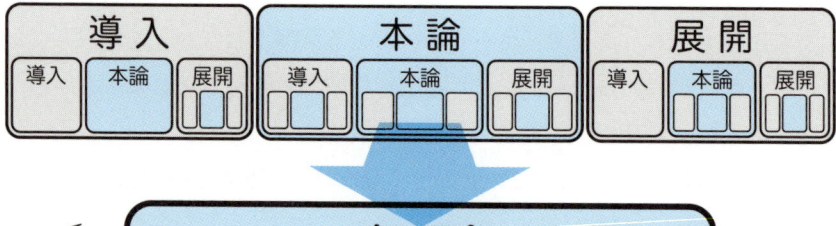

ボトムアップで文章を構成する

②②では文章を「導入・本論・展開」の三部に分けて書く、という手法を説明しました。では、それぞれの部については具体的にどのように構成すればよいでしょうか。

短い文章であれば、それぞれの部は数行～十数行程度であり、さらに分ける必要はありません。しかし大きなレポートや論文ともなると、それぞれの

部もそれなりの文章量になります。あてもなく書いていては、またこんがらがった文章になってしまいかねません。そこで、ここではさらに踏み込んだ構成法を紹介します。

　説明をわかりやすくするために、ここで「**パーツ**」という考え方を導入します。パーツは数段落から十数段落程度の文のまとまりです。本書であれば、TOPIC内の見出しと見出しとの間に挟まれた文章が、パーツに相当します。

　一つのパーツでは、一段落では扱いきれないような、少し大きめの話題を扱います。またパーツを複数組み合わせることで、さらに大きな話題を構成することができます。**8ページ程度のレポートや論文であれば、10から20パーツくらいが目安**です。こうしたパーツをいくつか組み合わせて、文章全体の「導入」や「本論」を構築するのが、大きめの文章を構成する上で重要なテクニックになります。

　さて、読み手は文章を読むとき、パーツを一つずつ順に読んでいきます。このとき、各パーツの冒頭でそのパーツがどのような内容を扱っているかがわかるようになっていれば、先を読む心構えができますし、必要に応じてそのパーツを読み飛ばすこともできます。また、各パーツの最後にそのパーツのまとめが書いてあったり、次のパーツとの関連が示されていたりすると、読み手にとって便利になります。

　つまり各パーツも「導入・本論・展開」の三部構成で書くと読みやすくなります。 十段落程度までのパーツなら、導入と展開に一段落ずつ、後は本論で構成するというのが長さの目安となります。

　このように、小さなパーツをまず考え、それを集めて文章全体を構築していく考え方を、**ボトムアップ**と呼びます。なお、説明したい内容にあわせてパーツの組み合わせ方を工夫すると、さらに読みやすくなります。詳しくは次の「②④　順列型と並列型」で説明します。

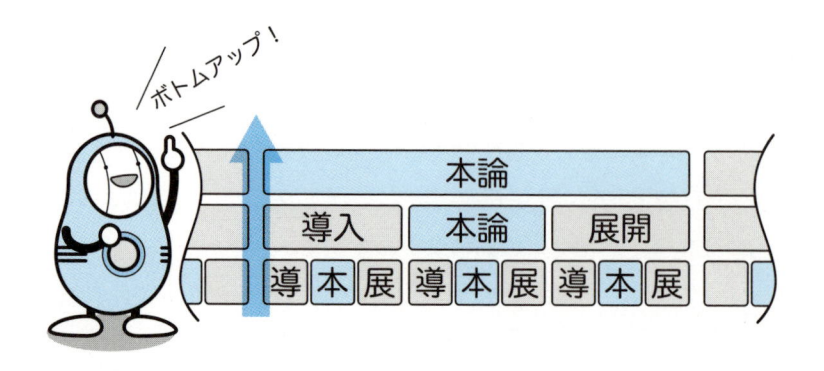

トップダウンで文章を構成する

　次は見方を変えて、文章全体を導入・本論・展開と分けた部分のそれぞれをどのように構成するか、について説明します。

　すでに皆さんは「パーツ」という考え方に辿り着いていますから、それぞれの部分もパーツに分割して考えます。このとき、再び「導入・本論・展開」の三部に分割する、というのがポイントです。つまり、**「導入」はさらに「導入の導入・導入の本論・導入の展開」に、「本論」も「本論の導入・本論の本論・本論の展開」に……とパーツに分割しましょう**、ということです。

　どうしてそうするのがよいのか、読み手の立場になって考えてみましょう。例えば全体で8ページ程度の文書だとすると、導入で1ページ、本論で6ページ、展開で1ページくらいの量が一つの目安になります。導入で1ページ分、というのは決して少ない文章量ではありません。十分大きな情報のまとまりです。そうなると、そのまとまりを読み手に読んでもらうには、導入にもさらに導入があるほうがよいし、その後に続く「導入の本論」まで進んだ読み手には、「導入の展開」として「本論」へと続く道筋を示し、その後の展開を予告するのがよいのです。

　このように、文章全体を俯瞰する視点からどのように分割して構成していくかを考えていくやり方を**トップダウン**と呼びます。

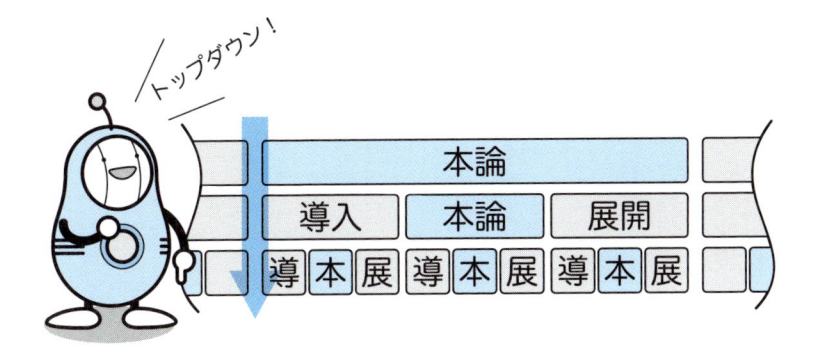

トップダウンの例文

　文章をトップダウンに構成する例を見てみましょう。ここでは、部下が上司に対して約束していた実験を実施したところ、うまくいかなかったので指示を仰ぐ、という報告文を想定します。

　文章全体の主題は「約束していた実験を実施したがうまくいかなかったので判断を仰ぎたい」なので、これを導入部で示すことになります。導入部をさらに三部構成に分割すると、例えばこのようになります。

導入	導入の導入	前回のミーティングで実施を決定した○○実験について報告します
	導入の本論	○○実験で使用する機器××を作動させたところ、問題が生じました
	導入の展開	○○実験の手順の見直しについてまとめましたので、ご判断を仰ぎたいと思います
本論	本論の導入	△月□日のミーティングで、●●のために○○実験を実施することになっていました。同実験では機器××を利用して……
	……以下略……	

　これは簡易な報告書を想定しているので各パーツの長さは数行で済むくらいかもしれませんが、それでもこのように三部構成を重ねることで、見通しをよくすることができます。

卒業論文やプロジェクト完了報告書のような大きめの文書の場合は、導入部や展開部はそれぞれ1章から数章の長さで書くこともあるでしょう。その場合でも、それらをさらに複数のパーツに分割していけば、分割していく過程で各パーツの役割が次第にはっきりしていきますから、攻略の糸口が見えてくるはずです。恐れずに、手を動かしていきましょう。

展開と導入を接続する

　パーツの大きさによっては、各パーツのすべてに導入と展開を書いていくと文章がくどくなる場合があります。内容が連続している二つのパーツをそのまま並べてつなげると、先に置かれたパーツの展開部の内容と、次に置かれたパーツの導入部の内容とが似通ってくるからです。

　その場合は、その似通った二つを融合させて、一つにまとめてしまうことも可能です。このとき、文章の構造を図示すると、次の図のようになります。こうして融合させたまとまりは、二つのパーツの本論どうしがどのような関係にあるかを読み手に示す、重要な部分です。本書では二つの情報の関係を示す部分を「**つなぎ**」と呼んでいますが、展開部と導入部とが融合した部分は、この「つなぎ」と同等のものとして扱うことができます。つなぎについては、「②⑥ 『つなぎ』が主張を明確にする」で詳しく説明しています。

図：展開と導入が融合した部分は「つなぎ」と考える

| 導入 | 本論 | 展開 | 導入 | 本論 | 展開 |

↓

| 導入 | 本論 | 展開 | 導入 | 本論 | 展開 |
　　　　　　　　 つなぎ

起承転結有害論

　文章構成の基本は「三部構成」である、というのが本書の主張ですが、「あれ、起承転結は？」と思いませんでしたか。「起承転結」を、小学生の頃から文章構成の基本として習ってきたという方もいることでしょう。しかしながら、本書が対象とするような理工系の文章では、起承転結の出番はまずありません。それどころか、起承転結はむしろ有害であるという主張も少なくありません（木下 1981、倉島 2012）。いったいなぜ、こんなことになっているのでしょうか。

　これは著者の意見ですが、起承転結が説明文の類にそもそも向いていない、ということもさることながら、私達の多くが起承転結を利用して文章を書く訓練をそもそも受けていないことが根底にあるように思います。例えば「承」って、具体的になにをどれくらい書けばよいのでしょうか。一番大事な主張は「起」「転」「結」のどこに書くのでしょうか。みな、具体的なことをまったく教わらないまま、「起承転結」という言葉だけを呪文のように覚えさせられているのが実態でしょう。

　本来、起承転結は漢詩の、それも四行詩を書く上でのガイドラインです。つまり、詩を構成する四つの行のそれぞれが等しい長さであり、各行の役割がはっきりと決まっている、という定型詩を対象としたものです。

> 起：千山鳥飛絶
> 承：万径人蹤滅
> 転：孤舟蓑笠翁
> 結：独釣寒江雪

　例えば右に掲げる、柳宗元「江雪」を見てください。起句と承句で、鳥の姿もなく人の姿も見えない、冬の寂しさをうたっています。この二行で、この詩の主題となる雪景色の情景を読み手に思い起こさせます。そこから転句で舟に乗る老人を登場させることで意外性を出し、結句で再び主題に戻す、という構成をとっています。

　つまり、「承」の役割は、「起」と対になって基礎を作ることで、「転」を際立たせることにあります。基礎がなければ意外性の演出もできません。

　このような構成法を、各部の長さが決まっていない散文にはそのままでは適用できないし、するにしても容易ではないのです。名コラムニストの文章には巧みな起承転結の構成になっているものも少なくありませんが、これは名人芸の領域であり、おいそれと真似できるものではありません。

　とは言え、起承転結の構成にはやはり独特の魅力があります。基礎的な技術を身につけたあかつきには、あらためて目指してみるのもよいかもしれません。

順列型と並列型

- パーツを順につなげる「順列型」と、並べて俯瞰する「並列型」を使い分けよう
- それぞれの型に合わせて「導入」と「展開」の位置づけを工夫しよう

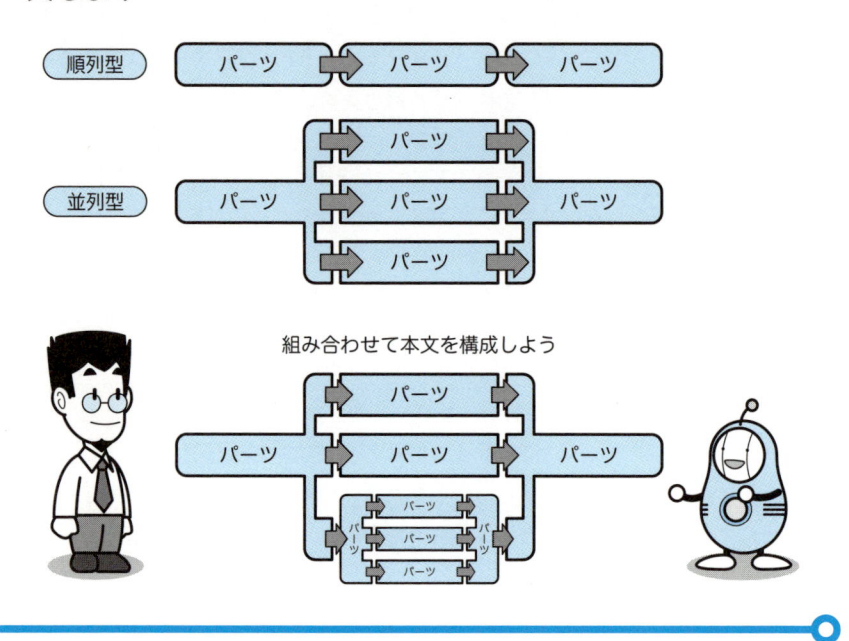

組み合わせて本文を構成しよう

パーツの並び方を読み手に示す

②③では「パーツ」という考え方を導入しました。パーツは複数の段落のまとまりで、それ自体が「導入・本論・展開」の三部構成をとるというものでした。そして、文章全体をこのパーツの組み合わせによって構成する考え方を紹介しました。ここでは、そのパーツの組み合わせ方について学びます。

読み手に伝えたい情報が多岐にわたる場合、それらをどのような順番で並

べるか、またその構造を読み手に素早く理解してもらうためにはどうしたらよいか、を考えることが、読みやすい文章を構成する上で大事なことになります。大きめの文章を書き慣れていないうちは、**明確な「型」を意識して書くと、構造のわかりやすい、読みやすい文章を書くことができます。**

　基本的な型としては、「順列型」と「並列型」の二通りだけ覚えておけばOKです。この二つだけでだいたいの文章は書けます。

順列型 と 並列型

　それでは順列型と並列型について、それぞれ解説していきましょう。

● 順列型

　順列型は、パーツを直線上に並べるやり方で、もっとも基本的な構成です。あるパーツについて説明することで次のパーツの説明が可能になるような、パーツ間に順序関係がある場合には、この書き方しかありません。

　順列型でパーツを並べる場合、各パーツの導入部および展開部において、そのパーツと前後のパーツとの関係を示します。それによって、その先にどのような情報が並んでいるかを、読み手は常に把握できるようになります。その際、「②③　三部構成のパーツを組み合わせる」で述べたように、先に置かれたパーツの展開部と次に置かれたパーツの導入部とを融合させて記述することもできます。パーツとパーツの関係をどのように示すかについては、「②⑥　『つなぎ』が主張を明確にする」も参考にしてください。

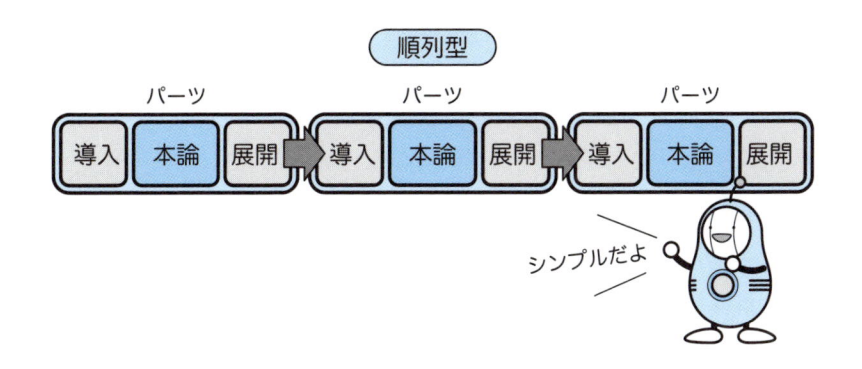

シンプルだよ

65

● 並列型

　並列型は、共通した性質をもつ複数のパーツを並べる際に用います。例えば「文章は導入・本論・展開の三つの部分で構成する。導入は……、本論は……、展開は……」というように、各パーツを比較したり共通する性質を浮かび上がらせたりしたい場合に有効です。

　並列型の場合、並べる各パーツの導入部および展開部をそれぞれまとめて示すことで、そこに情報が並列に並んでいること、また共通する性質や相違する性質があることを読み手に伝えることができます。このとき、**展開部でそれまで並べた情報を総括する文章をしっかりと示すことが大事です。**それによって、並列型の構成がそこで完了することを明示できるからです。

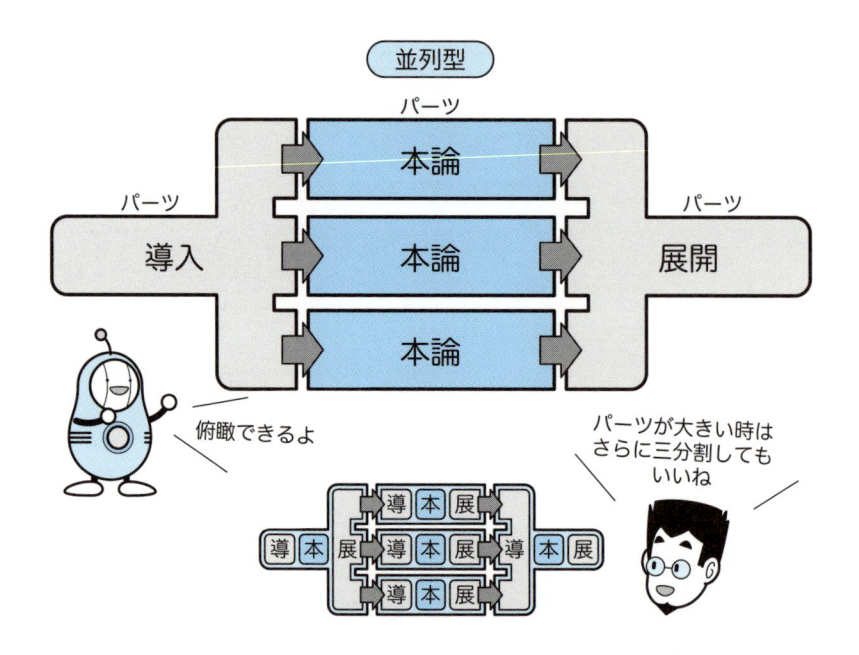

　ほとんどの文章は、以上の二つの型の組み合わせで構成することができます。読み手はこうした構成の文章に慣れていますので、導入を読むだけで続く文章の構成を予測することができます。本TOPICの冒頭に描いたような文章構造を読み手が把握できるよう、しっかりと言葉でそれを伝えましょう。

各パーツに番号と題をつける

　各パーツに番号と題をつけておくと、文章中から必要な箇所を素早く見つけられるようになります。このときどのように節を分けるかは、パーツが順列型で接続されているか、並列型で接続されているかを目安にします。

　まず、順列型でパーツが続いている場合には、「1.1節」「1.2節」と節番号を増やしていきます。また、並列型でパーツが並ぶときには、節の深さを一つ増やし、「1.2.1節」「1.2.2節」というように記述していきます。詳しくは次の図を見てください。

　このように節番号を振ることで、急いで目を通したい読み手を適切に誘導することができます。

　修士論文や博士論文、あるいは大きなプロジェクトの報告書のように、大量の情報を伝える文書では、章・節構造が読みやすさに強く影響します。目次を作ってみると全体の構造が一覧できますので、ワープロソフトの機能を活用して、随時確認しておきましょう。

② ⑤ 本論は「IMR」

- 本論には「問題」「手段」「結果」の三つを書こう
- 準備段階では「問題」と「結果」から書き始めると、主張が明確になる
- 「問題」と「結果」とがきちんと対応しているか、確認しよう

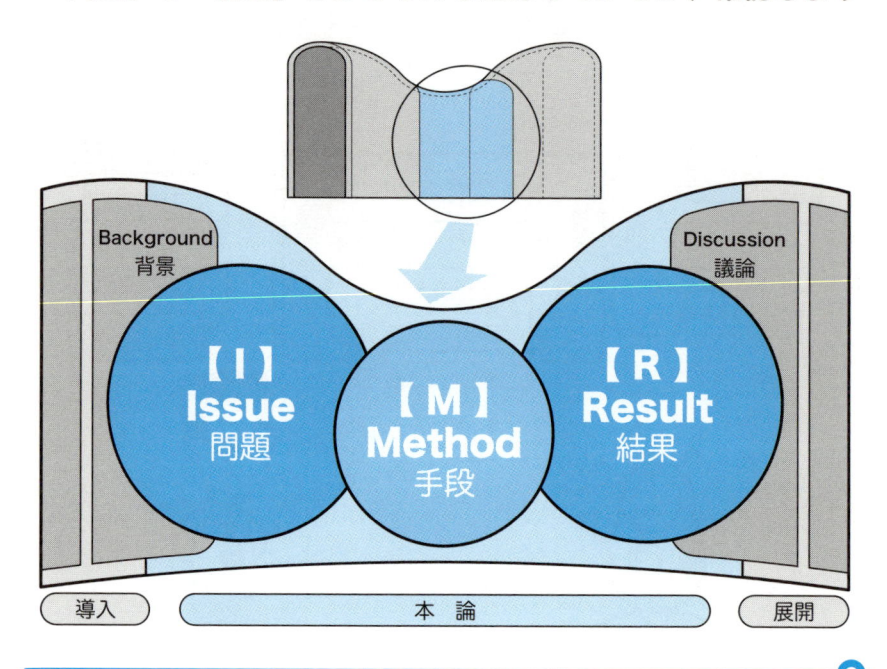

Issue・Method・Result

「②②　基本は『導入・本論・展開』の三部構成」で学んだ三部構成のうち、ここでは「本論」の書き方の基本型として、「IMR」を紹介します。理工系の論文やレポート、技術文書はほとんどがこの型で書かれます。

「IMR」は、本論を「**問題（Issue）・手段（Method）・結果（Result）**」の

三つに分ける書き方です。それぞれが以下の役割をもちます。

・問題（Issue）：解決しようと取り組んだ問題
・手段（Method）：その問題を解決するため実施したこと
・結果（Result）：その手段を実行して得られた結果

　この三つを読み手にはっきりと伝えることが、理工系の文書における本論のもっとも大事な役目です。一つでも明確に伝えることができなければ、その文章の目的は達成することができません。

　IMRを記述する際は、次の点に特に注意してください。

○ 一つの文書には、1 issue, 1 result

　一つの文書（論文・レポート）では、それがどんな問題を扱っていて、どんな結果が得られたのかを、それぞれ一つにしぼって説明すべきです。一つにしぼりきれないような、雑多な内容を扱ってはいけません。

○ 示された結果（result）が、掲げた問題（issue）に対する解答に　　なっていること

　肯定的か否定的か、どのような結果であるにせよ、**問題と結果とがきちんと対応関係にあること**が大事です。問題を大きくし過ぎて結果と不釣り合いになってないか、注意しましょう。

◇

　本論をIMRで構成し、そこに導入として背景や先行研究についての記述を、また展開として議論および結論の記述を加えると、それで一本の論文が完成します。詳しくは「❹④　理工系論文の書き方」を参照してください。

IMR を準備する

　それでは、具体的にIMRを準備する過程を説明します。もし近々書こうとしている文章があれば、それを題材に実際に手を動かしながら読んでみてください。

まずはIMRの各要素を、箇条書きで準備します。それぞれ一行ずつくらいで書いてみましょう。長く書いてはいけません。後で膨らませることを前提に、簡潔に書きましょう。「問題」と「結果」は各1項目ずつ、「手段」は数項目を目安とします。

　このとき、**まず問題を書き、次に手段ではなく結果を書いてみましょう。**というのも、手段は実際に自分が経験した出来事そのものなので書きやすい分、つい余計なことまで書いて長くしてしまいがちです。無駄をそぎ落とすためにも、手段は後回しにします。

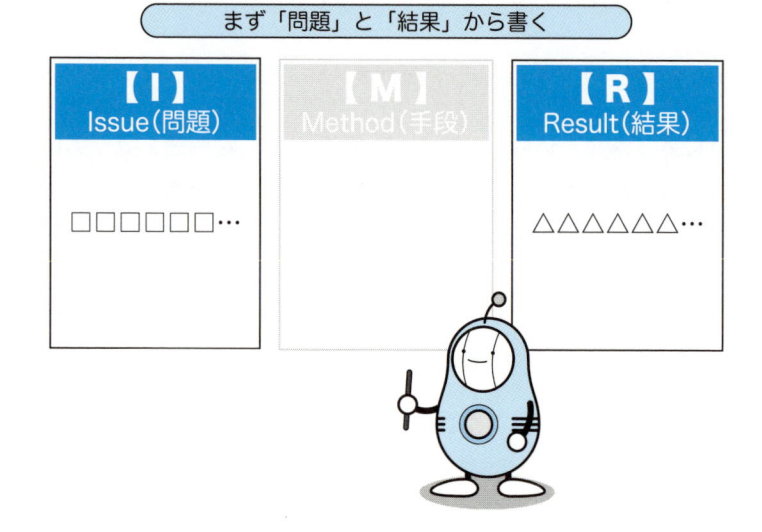

結果を書き上げたら、問題と結果が対応関係にあるかどうかを確認します。例えば、あなたが「空飛ぶ自動車」の開発を目指しているとして、今回の報告書ではローターの改善に成功したことを報告しようとしているとします。ここで問題が「空飛ぶ自動車を開発する」で、結果が「ローターの改善に成功した」では、問題の大きさに対して結果が小さ過ぎます。ここは結果に合わせて、「空飛ぶ自動車におけるローターの改善」を問題の範囲とすべきです。

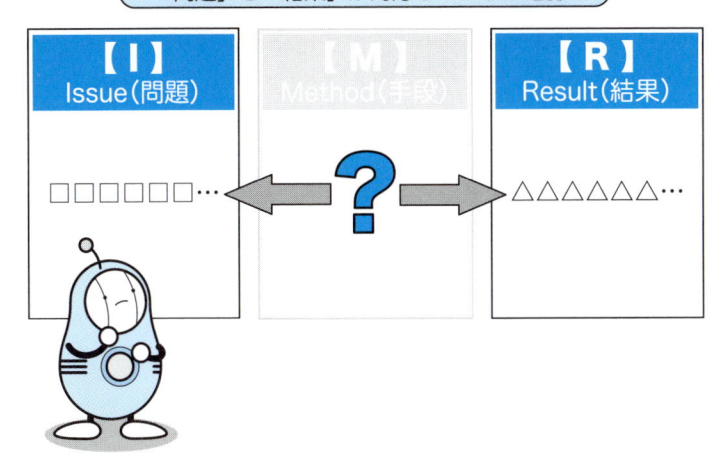

「問題」と「結果」が対応しているか確認

【I】Issue（問題）　【M】Method（手段）　【R】Result（結果）

　問題と結果の対応関係が解決したら、最後に手段を書いていきます。この**とき、その手段がすでに掲げた問題から結果を直接的に導くものになっているかどうかを点検しましょう。**手段は他と比べて書きやすいため、つい調子に乗って沢山書いてしまいがちです。しかし、問題から結果を導くのに貢献していないものだとしたら、その手段を文章中に記載する必要性は低いと考えるべきです。もしそれが、どうしても手段として盛り込まないとおかしいと感じる事項なのであれば、その手段を導く問題設定がまだ隠れていて、またそこから得られた結果があるはずです。よく吟味した上で、問題と結果を更新しましょう。

　なお、ここで準備した**IMRを一文にまとめたものは、そのまま主題文として用いることができます。**理工系の文書を書くための主題文を書く際には、IMRを意識すると書きやすくなりますので、試してみてください。

「つなぎ」が主張を明確にする

- 情報と情報の間に「つなぎ」を挟むことで主張は明確になる
- 「つなぎ」で読み手の予測精度を高めることが読みやすさにつながる
- いろいろな大きさの「つなぎ」を使いこなそう

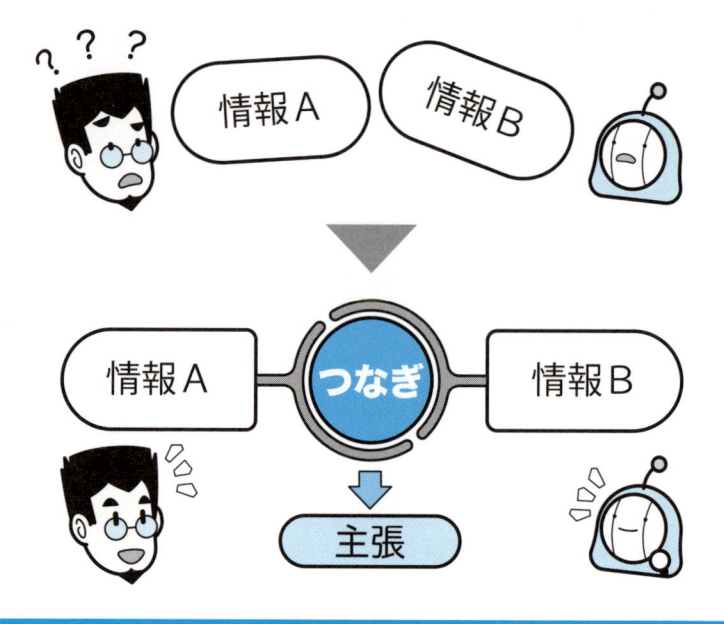

情報は情報とつなぐと活きてくる

　文章が苦手という人でも、報告文はなんとか書けるものです。自分が知っていること・体験したことを個々の情報として書き並べていくのは、考えたことや意見を書くのに比べると、それほど難しくありません。

　しかし全体を通して見るとなんだか読みにくい、ということがままあります。さらには、他の人に読ませると個々の情報すら「わかりにくい」と言わ

れてしまうことすらあります。いったい、なにがいけないのでしょうか。

　私達は、個別の情報をバラバラに受け取ってしまうと、それをうまく理解し、記憶することができません。これは人間の情報処理能力には限りがあるためです（鈴木 2016）。ところが、情報間の関連が意味づけされ、一連のストーリーとして捉えられるようになると、理解が進み、記憶に残るようになります。

　そのため、情報と情報とを適切につないだ状態で読み手に提供することが大事になります。本書ではこの情報と情報との関係を示す部分を「**つなぎ**」と呼んでいます。「つなぎ」は並んだ二つの情報の間に挟まり、それらの情報がどのように関係するのかを、読み手に知らせる役割をもちます。関係を示すことで、個々の情報を個別に示す以上の理解を読み手にもたらします。

「つなぎ」は続く情報の理解を助ける

　「つなぎ」の効能の一つは、つなぎの後に続く情報を理解するための基礎を用意することにあります。「①⑤　読み手は先を予測しながら読んでいる」で説明したように、人は文章の展開を予測しながら読んでおり、その予測と実際の文章とを照らしあわせながら理解を進めていきます。**つなぎは、その予測を制御するために利用することができるのです。**

　例を見てみましょう。

車掌は運転士に異常を伝えた。すぐに運転士は（　　　）。

　上の例文で、括弧内にはどのような文が入るでしょうか。おそらくは、「速度を落とした」「急ブレーキをかけた」といったような文を想定されると思います。もしこれが、

> **車掌は運転士に異常を伝えた。だが運転士は（　　　）。**

　とあれば、運転士は報告を無視したか聞き落としたかして、速度を落とさなかったのだろうということが推測できます。「だが」という接続詞が、続く展開の予測に影響を与えたのです。この例文でもし「だが」がないまま運転士の行動を続けて書いたらどうなるでしょうか。

> **車掌は運転士に異常を伝えた。運転士は速度を落とさなかった。**

　読み手はその意外な展開に少しとまどいを覚えるでしょう。というのも読み手は常に先の展開を予測しながら読み進めているからです。これが小説であれば印象を強めるためにわざとこのような書き方をすることもあるかもしれませんが、読みやすさを優先する文章であれば、読み手の予測を適切に誘導して読みやすくすることを考えるべきです。

　このように、つなぎはその後に続く文章の受け止め方を、読み手に指示する力をもっています。困ったことに書き手は、続く内容を既有知識としてもっているのでついそうした指示を疎かにしがちです。しかし読み手はその知識をまだ共有していないため、明確な指示がないと、誤解をしないまでもスムーズな理解を妨げられることになります。

「つなぎ」が主張を形作る

　また、つなぎには書き手の主張を込めることもできます。

　例えば、「コンピュータのプログラムは数学的な考え方に基づいている。」という文章の後に、次のどちらかの文章をつなげることを考えてみましょう。

A：だからプログラムは難しい。

B：しかしプログラムは簡単ではない。

　AとB、どちらをつなげても「プログラムが難しい」という意味では同じです。

　しかしBをつなげてみると、そこからは書き手の「数学的な考え方に基づいているのなら、普通はそれは簡単なはずだ。しかしそうではない」という主張が立ち上がってきます。**情報をどうつなげるか、そのつなぎ方に書き手の主張を込めることができるのです。**

　ただし、これは短い言葉で簡潔に主張を述べることができて便利な反面、気をつけないといけないこともあります。「①⑥　事実に基づいて、正確に書く」で説明したように、事実と意見とは明確に分けて書くことが求められます。主張をするのであれば、詳しい説明や論拠もあわせて示すことが必要です。つなぎは簡単に主張を表現できてしまうので、この点を疎かにしないよう、気をつけましょう。

様々な大きさの「つなぎ」

　つなぎには、「は」「が」のような助詞のレベルから、節や章に至るレベルまで、様々な大きさのものがあります。おおまかに分類すると以下のようになります。

- 言葉と言葉をつなぐ**助詞**
- 文と文をつなぐ**接続詞**
- 段落と段落をつなぐ**文**
- 節と節をつなぐ**段落**

　どんな大きさの情報をつなぐかによって、つなぎの大きさも変わってきます。適切な大きさのつなぎを使いましょう。

接続詞が文脈を作る

POINT!

● 接続詞で情報をつないで主張を明確にしよう
● 接続詞を「つなぎ」に使って、続く文章の内容を読み手に予測させよう

| スマホはとても便利 |
| スマホはとても便利 |
| しかしながら |

| 機能制限が必要かもしれない |
| 機能制限が必要かもしれない |
| なぜならば |

| スマホを使う人が急増している |
| スマホを使う人が急増している |
| それゆえに |

| 危険な「歩きスマホ」も増えているから |
| 危険な「歩きスマホ」も増えているから |

接続詞不足が文章を曖昧にする

　いまさら「接続詞を適切に使いましょう」なんて、いちいち言われるまでもないと思うかもしれません。国語の試験に出るような問題を解くのであれば、ほとんどの人が正しい接続詞を選べることでしょう。

　ところが、学生のレポートや論文を添削していると、接続詞が不足しているために読みにくくなっているものを多く見かけます。**接続詞を間違えているのではなく、あるべきところに接続詞が置かれていない**、ということが多いのです。

「②⑥『つなぎ』が主張を明確にする」で説明したように、接続詞を、情報と情報とを関係づける「つなぎ」として使うことが、主張を形作る基本となります。接続詞が足りていないということはつまり、主張が明確になっていないということです。また、「つなぎ」はその先の展開を読み手に予測させる機能をもっています。これが不足すると先の展開の予測が立ちにくく、理解を妨げるのです。**読み手の理解を助けるのに接続詞は大きな効果を発揮します**（大村1980、秋田2002）。

接続詞が不足する理由を推測するに、おそらくは文章の論理構造を意識しておらず、準備なしに文章を書いていることがあるでしょう。あるいは、接続詞を省くことで主張を曖昧なままにしようとする心の働きがあるのかもしれません。もしかしたら、接続詞は少ないほうが文章に高級感が出る、という思い込みも手伝っているのではないでしょうか[1]。

読みやすい文章を書くためには、接続詞を意識的に置くようにしましょう。

文章の概要を接続詞でつなぐ

それでは実際に手を動かしながら、接続詞の置き方を学びましょう。練習用の題材として、いま書こうとしている文章の概要を、箇条書きで書いてみてください。特に題材を抱えていない人は、好きなアイドルのことでも遅刻の言い訳でもなんでも構いませんから、なにか題材をひねり出してください。箇条書きは、各項目を短い一文で書いていきます。4〜5項目くらいでまとめてください。

例えば、こんな概要を用意したとします。

・私はラーメンが好きだ
・私はカレーも好きだ
・昼飯を食べるときにどちらにするかでいつも迷ってしまい、面倒くさい
・曜日によってどちらを食べるかを決めることにした

※1　p.87の「コラム：接続詞も削れ？」参照。

では、この概要の各項目に、接続詞を補って主張を形作っていきます。例えば、このようになるでしょう。

・私はラーメンが好きだ
・しかしカレーも好きだ
・なので、昼飯を食べるときにどちらにするかでいつも迷ってしまい、面倒くさい
・そこで、曜日によってどちらを食べるかを決めることにした

　このようにすると、論理の道筋がだいぶ明確になります。
　理工系の文書、例えば「既存手法の改善手法について、その効果を実験で確かめた」という内容であれば、次のように道筋を作ることができるでしょう。

・○○を達成するには、△△という手法が知られている
・しかし△△には□□という欠点がある
・そこで我々は☆☆という新規手法を開発した
・実験の結果、☆☆は□□において△△を凌駕することがわかった

　上の例の最後の項目にある「実験の結果」は、接続詞そのものではありません。しかし前後の項目を論理的に接続し、また先の展開を予測させるという意味で、接続詞と同じ機能をもっています。
　この、接続詞で主張を形作るという考え方は、次の「❷❽　パラグラフ・ライティング」と組み合わせるとその真の威力を発揮します。

形容詞を削れ

「①⑥　事実に基づいて、正確に書く」で、客観と主観とがはっきりと区別できるように書くことの大事さを強調しました。特に理工系の文章を書く際には、本論からは主観的な意見をいったん引っ込めて書くべきです。しかしわかっていてもそれを実行に移すのは簡単ではありません。著者本人も、いつでもできているというわけではなく、自分の文章が印刷された後で悔やむこともたびたびです。

そこで、とりあえず即効性のある対処方法をお教えします。それは、書き上がった文章から**形容詞を削る**というものです。

ここでは「形容詞」を代表としてあげていますが、他にも形容動詞や副詞などの、他の語句を修飾する語句にも当てはまります。

これらの品詞には、主観的な意見が入り込みやすいものです。例えば、「××には□□を用いるのが**もっとも**よい」「△△とするのが**妥当な**結論である」といったような修飾語は、主観が色濃く反映されてしまっています。もちろん、すべての形容詞を無条件に削除せよ、というものではありません。そう判断するのが妥当であるということを、読み手が納得できるだけの情報が示してあれば構いません。

ところで、面白いことに「形容詞を削れ」というアドバイスは理工系の文章に限らず、物語文を含む幅広い分野に対してなされています。例えばマーク・トウェインは「形容詞は削れ。完全にとまでは言わないが、大半を削れ―残った形容詞には価値がある」と、教え子にあてた手紙で書いています（Twain 1880）。また、英語の文章指南書の古典『The Elements of Style』（Strunk & White 1999）では、「（文章は）名詞と動詞で書け。形容詞や副詞ではなく」と指導しています。モダンホラーの王者、スティーブン・キングは、著書『書くことについて』（King 2000）で、副詞の乱用を攻撃しています。曰く、「地獄への道は副詞で舗装されている」と。

キングはさらに修飾語を乱用してしまう書き手の心理を、「自分の文章が明快でないため修飾語を入れないと読者に言いたいことが伝わらないのではという不安から来ているのだ」と、自身の経験を踏まえながら説明しています。この指摘は私達にとっても耳が痛いところではないでしょうか。

「**もっとも**よい」「**妥当な**結論」かどうかの判断は、自信をもって読み手に委ねましょう。形容詞によってあなたの主観を押しつけるのではなく、判断材料を提示することによって、読み手にあなたの主観を自ら感じてもらえれば、それで十分です。

パラグラフ・ライティング

- 段落（パラグラフ）は文章の基本単位。パラグラフを積み重ねるように文章を書こう
- 一つの段落には、一つの役割だけを与えよう
- 段落の冒頭の一文でその段落の主張がわかるように書こう

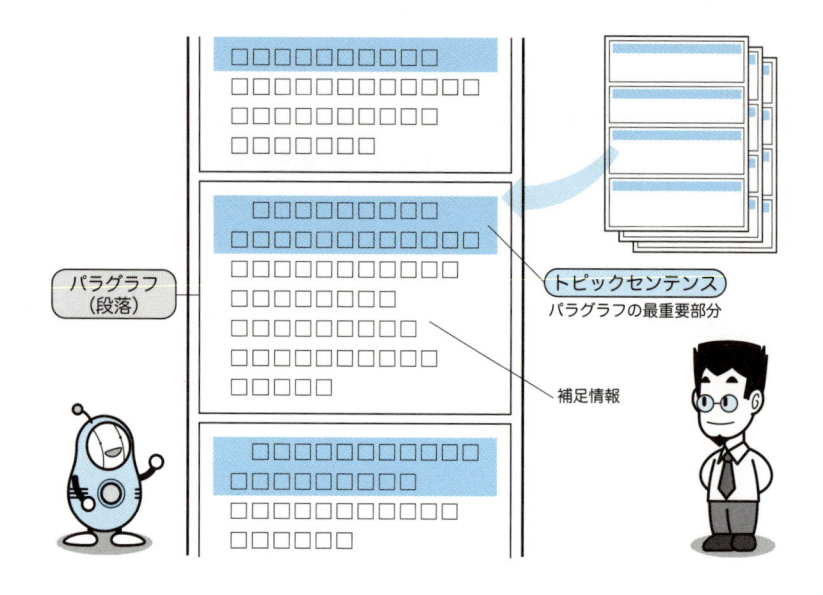

パラグラフ（段落）

トピックセンテンス
パラグラフの最重要部分

補足情報

段落に注意を払おう

　段落（パラグラフ）とはなんのためにあるのか、考えたことはあるでしょうか。文章を書き続けていて、適当な長さになったり話題の切れ目になったりしたら段落を変える、くらいに思っていませんか。それぞれの段落がなんの役割を果たしているか、答えられますか。もし明確に答えることができないとしたら、考え方を変える必要があります。

段落とは、文章を論理的に書くための基本的な構成単位です。意味の切れ目で段落を区切る、というように文章を区切るものと考えるの**ではなく**、煉瓦を積み重ねて壁を作るように、段落を積み重ねていくことで文章を形作る、と考えるのです。

　このような、段落に基づいた文章の書き方は「**パラグラフ・ライティング**」と呼ばれ、論理性が重視される文書では必須の書き方になっています。パラグラフ・ライティングの実践的技術については、それだけで一冊の書籍になるくらい（倉島 2012）大事なことが沢山あるのですが、ここではその基本的な考え方を学んでいきましょう。

「よい段落」とは

　よい文章は、「よい段落」の積み重ねで作られます。ではどのような段落が「よい段落」なのでしょうか。それを理解するためには以下の三つのポイントをおさえておくことが大事です。

● 1. 一つの段落には、一つの役割だけがある

　段落にはそれぞれ役割があります。ある実験手法のある手順を説明するとか、既存技術の問題点のうちの一つを指摘するとか、それまで述べてきた事実に基づいた書き手の意見がこれから始まることを予告する、などが役割の例になります。

　一つの段落には、そうした役割を一つだけ与えるようにします。段落の途中で役割が変わるようなことがあってはなりません。そう書きたい場合は、段落を分けるべきです。

　このポイントは、次のポイントと組み合わせることで威力を発揮します。

● 2. 段落の役割が、段落冒頭の一文に要約されている

　段落の最初には、その段落が果たす役割の核となる内容を、一文で簡潔に記します。この文のことを「**トピックセンテンス**」と呼びます。

　トピックセンテンスに主張が凝縮されていれば、各段落のトピックセンテンスを拾い読みしていくことで、その文章の内容をおおまかに理解できます。

そのような読み方は「**スキミング**」と呼ばれ、長い文章はスキミングしても大意が掴めるように書くことが求められます。そのためにも、各段落には一つの役割のみをもたせることが必要です。それができていれば、全体の構成を把握した上で、気になった段落では残りの文をじっくり読む、という読み方ができるのです。

　主張を凝縮するには、主張を抽象化することを考えてみましょう。例えば具体的な花の名前を列挙してそれらが美しい、と主張するのではなく、「花は美しい」と抽象化して主張できないか、検討してみましょう。その理由は次のポイントにあります。

⬤ 3. 段落の残りの文は、トピックセンテンスを支える内容である

　トピックセンテンスに続く文で、そのトピックの理解を深めるための情報を読み手に提供していきます。例えば具体例を示したり、細かい条件を補足したりすることで、情報をより明確にするための情報を加えます[1]。

　情報を後で補足できることがわかっているので、トピックセンテンスは主張を凝縮して伝えることに専念できます。抽象化された主張はトピックセンテンスで、その具体例は続く文で、それぞれ伝えられるのです。

　注意しなければいけないのは、読み手はそれらの文がトピックセンテンスに密接に関係していると期待して読んでいるということです。当然、トピックセンテンスが予告した範囲からはみ出すような内容を続けて書くことは避けなければなりません。

　また、続く文が意外な言葉から始まらないようにすることも大事です。自宅近所の喫茶店でコーヒーを飲みながら著者はこの段落を書いていますが、突然こんなことを書かれても驚きますよね[2]。

※1　この段落がまさしくその実例になっています。
※2　もちろんこれは「やってはいけない」例。

　以上のポイントをおさえておくだけで、一つ一つの段落をどう書けばよいのか、その基本はマスターできます。後は言葉で説明するよりも、パラグラフ・ライティングによって書かれた文章を沢山読んで、よい段落の特徴を感覚的に身につけていくとよいでしょう。本書もパラグラフ・ライティングを基調として書かれていますので、参考にしてください。

パラグラフ・ライティングの実践

　それでは、パラグラフ・ライティングの基本を実践してみましょう。ここから先は、「②⑦　接続詞が文脈を作る」で作った概要を基に、段落に書き起こしていく作業を行っていきます。まだ概要を作っていない人は、②⑦に目を通して概要を作成してください。説明のため、以下に②⑦で使った例を再掲します。

・私はラーメンが好きだ
・しかしカレーも好きだ
・なので、昼飯を食べるときにどちらにするかでいつも迷ってしまい、面倒くさい
・そこで、曜日によってどちらを食べるか決めることにした

さて、準備した概要には、主張すべき話題がすでに整理された状態で書かれているはずです。それぞれの項目を一つずつの段落へと膨らませていきましょう。各段落の一行目には、各項目に書いたことを一つの文として書いていきます。前のTOPICで例として示した「私はラーメンが好きだ」という項目であれば、例えば「私は料理の中ではラーメンが好きだ」というように少し説明を補ってもよいでしょう。

次に、その内容を補強する内容として、詳細情報や具体例を追加していきます。ラーメンの例で言えば、必要に応じて好みのラーメンの具体的な例や味について説明を補うことになるでしょう。原則としては、一段落を3文以上で構成しますが、簡潔に言い切ることを優先するのであれば二文や一文の段落があっても構いません。

このようにしてすべての段落を書き終えたら、頭からざっと流し読み（スキミング）をして、おおまかな内容が掴めるかどうかを確認してみましょう。接続詞を活用し、項目間の論理的なつながりが明示されていれば、段落の冒頭にある一、二語を読んだだけで、その段落がどのような役割をもつものなのか、予測できるはずです。

「スキミング」を前提にトピックセンテンスを書く

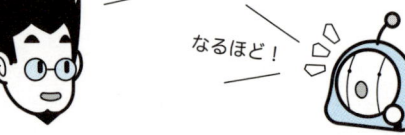

トピックセンテンスだけを
スキミング（流し読み）しても
おおまかに理解できるようにね

なるほど！

パラグラフ・ライティングで気をつける点

　パラグラフ・ライティングが実践できるようになってきたら、今度は自分の書いた段落を読み返してみて、以下のような問題がないか、点検してみましょう。

● 段落の途中に逆接の接続詞が入っていないか

　段落の途中で話題が転換しており、一段落に一つの役割、という原則に反している可能性があります。段落の分割を検討しましょう。

● 冒頭の一行が長過ぎないか

　段落に込める主張を絞りきれていません。もしくは、文を簡潔にするための抽象化が足りていないのが原因かもしれません。

● 段落が長過ぎないか

　これも、段落に複数の役割が含まれている可能性があります。段落の分割を検討しましょう。

● 段落が短か過ぎないか

　言葉足らずになっていませんか。読み手に伝える力をもっと補強しましょう。そもそもその段落で主張しようとしていることの重要性が低いのかもしれません。他の段落との統合も検討しましょう。

段落を組み合わせる

　パラグラフ・ライティングは文章を段落単位で構成する手法ですが、ここで紹介したのはあくまでも一つ一つの段落を読みやすく書くためのコツであり、段落をどのように組み合わせればよいかは、他のTOPICで解説しています。それらにすでに目を通しているかもしれませんが、パラグラフ・ライティングについて学んだ後で再び読むと、違った角度からそれらを眺めることができるでしょう。「②③　三部構成のパーツを組み合わせる」「②④　順列

型と並列型」などのTOPICに、あらためて目を通してみてください。

「パラグラフ・ライティングの実践」で作成した概要を基に、実際に文章を書いてみましょう。

接続詞も削れ？

「②⑦　接続詞が文脈を作る」では、主張の論理的構成を明確にして、かつ読みやすくするための「つなぎ」として、接続詞を有効活用しようということをお伝えしました。

ところがですね、世にあまたある文章読本の類では、「接続詞を多用するな」と主張をするものが少なくないのです。例えば、名文家として名高い小説家・谷崎潤一郎は著書『文章読本』でこう語っています（谷崎 2016）。

「（現代人は）文法的の構造や論理の整頓と云うことに囚われ、叙述を理詰めに運ぼうとする結果、句と句との間、センテンスとセンテンスとの間が意味の上で繋がっていないと承知が出来ない。（略）ですから、「しかし」とか、「けれども」とか（略）云うような無駄な穴填めの言葉が多くなり、それだけ重厚味が減殺（げんさい）されるのであります。」

三島由紀夫もやはり著書『文章読本』でこう指摘しています（三島 1959）。

「（接続詞を）節の初めに使った文章は、如何にも説話体的な親しみを増しますが、文章の格調を失わせます。」

どうも、名文家に接続詞は邪魔者として捉えられているようです。確かに接続詞が乱用された文章には、うっとうしさを感じることもあります。接続詞には著者の主観が込められていますので、それが沢山続くと、読み手は主張の押しつけがましさを感じてしまうのでしょう。物語文や随筆文などでは、接続詞は控え目にするのがよさそうです。

さらに、接続詞が理解を助けることを示した研究（大村 1980）を前に紹介しましたが、これには実は続きがあります。接続詞がない文章を読んでもそれを推理して補える力のある被験者の場合は、接続詞のない文章を読んだときのほうが文章の内容をよく覚えているという結果も出ているのです。読みながら頭を働かせることが、記憶を促しているのかもしれません。

一方で、哲学者の野矢茂樹は『哲学な日々〜考えさせない時代に抗して』（野矢 2015）で、論理的文章における接続詞の大切さを説いた後に、接続詞を省こうとする傾向について次のように述べています。

「(接続詞を嫌うのは)日本の言語文化の特徴と言ってよいように思われる。相手の知識や自分との関係を見切って、相手がつなげられるぎりぎりのところまで言葉を切りつめて手渡す。そして聞き手がそれをみごとにつなげて理解できると、そのときたんなる情報伝達ではない『絆』感が生まれる。閉鎖的な業界が自分たちにだけ分かる隠語を使うような感じと言ってもよいだろう。」

　本書で対象としている説明文や論説文では、読み手が皆その分野に精通していると期待するわけにはいきません。分野外の人が目を通すことだってあるのです。万人に開かれた文章を目的とするのであれば、接続詞を使うことをためらってはいけません。

　とはいえ、接続詞を多用し過ぎて読みにくくなっては本末転倒です。適切に使うにはどうしたらよいでしょうか。これは、パラグラフ・ライティングが実践できていれば、ある程度は自ずと解決するはずです。というのも、論理構造が段落単位で形作られるのがパラグラフ・ライティングですから、重要な接続詞は各段落のトピックセンテンスにあればよく、続く文には話題の大きな転換を告げるような接続詞は含まれないからです。したがって、段落の先頭の接続詞は大切なものとして残した上で、段落内の接続詞は、「なくても意味は通るな」と思ったら削ってみるのもよいでしょう。ただし、多少読みにくく稚拙な文章になったとしても、意味が伝わらない文章よりかははるかにマシです。削り過ぎには注意しましょう。

第 3 章

確実に伝える

読みやすい文章を書く上で、文章の組み立て方と並んで大事なのが、自分の考えを的確に言葉へと変換する技術です。その技術を磨くためには、自分の文章を批判的に検討することも必要です。説明が不足してないか、論理に飛躍がないか、関係ない話をしていないか……そのような目で自分の文章を点検する習慣を身につけると、文章力は格段に向上します。

本章では、未熟な文章によく見られる問題点を指摘し、その解決策を紹介していきます。

3 1 厳しい読み手になろう

- 他人の視点から文章を読み返す習慣を身につけよう
- 書かれている通りに読むことを意識しよう
- 声を出して読むのも効果的

 ## 自分の文章を厳しく読み返す

　確実に読み手に伝わる文章を書きたいなら絶対に身につけなければいけないのが、他人の目で自分の文章を読み返す技術です。それも、できるだけ厳しい目で読むことを覚えなければなりません。

　自分の書いた文章はどうしても甘く読んでしまいがちです。既有知識も豊富にあるので、肝心なことが欠けていても無意識に補ってしまうため、読め

てしまうのです。例えば次の文を読んでみてください。

「カップラーメン」はお湯を入れればできあがります。

　私達にしてみればなんてことのない文章ですが、「カップラーメン」を知らない人が相手だとしたら、この説明で十分でしょうか？ お湯をどこに入れればいいのかわかりませんし、お湯を入れた途端にできあがるようにも読めますね。よく考えると、この説明文はまるで説明になっていないのですが、私達はカップラーメンを作った経験を豊富にもっているので、「書かれていないこと＝**空白**」をつい勝手に補って読んでしまうのです。

　しかし、空白を皆が正しく補えるのであればいいのですが、人によって補い方がまちまちだったり、さらには間違った補い方をされてしまったりするようでは問題です。ですから、自分の文章からはできるだけ空白をなくし、間違った読み方をされないように配慮することが必要です。

　それでは、自分の文章をどうやって厳しく読むか、その実践方法を説明していきます。

原稿は三日寝かせよう

　「①⑤　読み手は先を予測しながら読んでいる」で説明したように、予測が効く文章は読みやすくなります。ただ困ったことに、自分の文章はとても予測が効きやすく、結果として多少文章が悪くてもなんとか読めてしまいます。厳しく読むためには、予測を抑制して、初めてその分野に接する人のように読むことが必要です。

　そのための確実な方法の一つが、**書いた文章をしばらく寝かせてから読む**ことです。いや、実際に寝るのはあなたなのですが。しばらく時間を空けて、どんなことを書いたのか忘れかけた頃に読むのが一番の方法です。小説家のスティーブン・キングは、6週間は寝かせよ、読み返したときに「他人が書いた原稿を読んでいるような気がする」くらいがいい、と主張しています

(King 2000)。報告書や締切の決まったレポートだと6週間も空けるのは難しいでしょうが、最低でも三日間、できれば一週間くらいは寝かせることをお薦めします。

　寝かせる期間を確保するためには、締切よりも前に草稿を仕上げなければなりません。締切日が決まったら、そこから逆算した草稿締切日を自分で設定することが大事です。

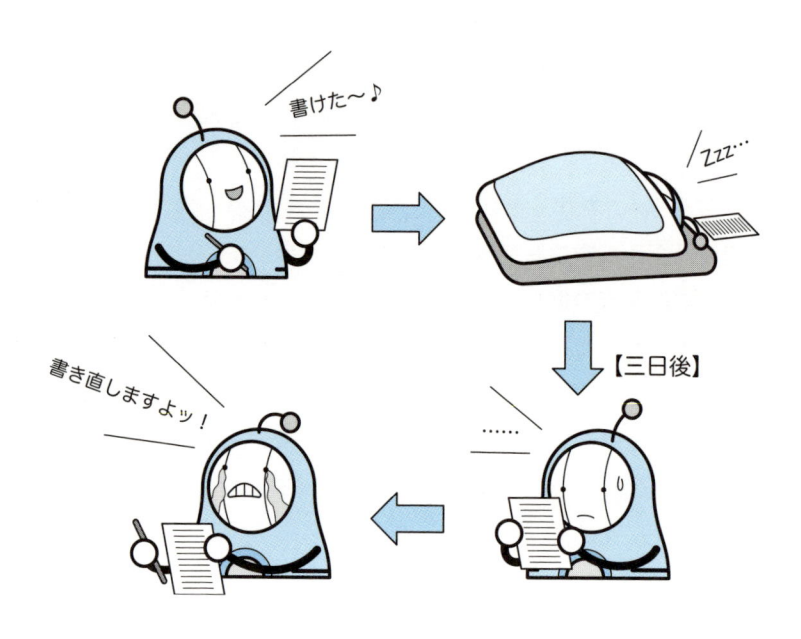

ゆっくりじっくり読み返そう

　自分の文章を読み返すときは、**読む速度を意図的に落として、自分の文章の欠点にじっくりと向き合うことが大事です。**せっかちに読んでしまうと、わかりにくかったり説明が不十分だったりする部分を無意識に補いながら読んでしまうので、自分の文章の欠点を見落しやすいのです。

　読む速度を落とすための方法としてお薦めなのは、声に出して読むことです。それも早口に読むのではなく、あたかも人に読んで聞かせるかのようにすると、結果的に読む速度を落とすことができますし、読みにくさを感じた箇所から文章上の問題を見つけることができます。

声に出して読む際に、さらに次のような点にも気をつけてみましょう。

・息つぎに苦労するような箇所は、文章が長過ぎる可能性がある
・読むのにつっかえるような箇所は、意味の区切りがわかりにくい可能性がある（「③⑩　修飾語と被修飾語の関係を改善する」を参照）
・抑揚をつけて読む。強調すべき箇所がどこかを意識しながら読むとよい

声に出すときは、プロのナレーターやアナウンサーになったつもりで意識的に「うまく」読んでみようとするのもお薦めです[1]。

「なぜ?」「本当に?」「それがどうした?」を自分に突き付けよう

それでは、文章の内容そのものの点検手法を見ていきましょう。ここで頼りになる道具が、「なぜ?」「本当に?」「それがどうした?」です。文章を読み返しながら、事あるごとにこれらの疑問を自分の文章へぶつけるのです。

「なぜ?」は、書き手がとった行動に対して、その理由を問うものです。他にも様々な選択肢が考えられる中で、どうしてその行動を選択したのか、その理由が説明されているかどうかを確認します。

「本当に?」は、その記述の信頼性を問うものです。例えば「この結果は○○であると考えられる」といった記述があれば、即座に「本当に?」とツッコミを入れるつもりで読みましょう。

「それがどうした?」は、その記述をどう受け止めて欲しいのか、結論がなく宙ぶらりんになっていないかどうかを問うものです。自分では当たり前に思っていて、ごく少数の専門家には書かずとも通ずるようなことでも、より広い読者へ向けて文章を書くときにはそれを説明しなければなりません。また、当たり前のことを大袈裟に書いていないかどうかをチェックするときにも使います。

文章を読み返していてこうした問いがピッタリはまるようだと、まだ改善の余地があることを意味します。他にも、本当に書き手が内容を理解してい

※1　ただし、目で読むための文章と耳で聞くための文章とでは、配慮すべきことが異なります。あくまでも目安程度、とお考えください。

るかを問う「つまり？」や、「他にもこう考えられるよね？」など、使える道具は沢山あります。適宜使い分けながら、自分の文章へとそれらを突き付けましょう。

 「わかったつもり」にならないために

　自分の文章を厳しくチェックするためには、普段から文章を厳しく読む習慣を身につけておきましょう。教育学者の西林克彦は書籍『わかったつもり〜読解力がつかない本当の原因』で次のようなことを書いています（西林2005）。

「この本は、文章をよりよく読むためにはどうすればよいのかを述べたものです。実は、よりよく読もうとするさいに、私たち読み手にとって最大の障害になるのが、自分自身の『わかった』という状態です。
（中略）
（よりよく読むためには）何らかのかたちで、自分自身のその時点での『わかった』状態を壊さなければならないのです。」

　文章全体を眺めて、目についた単語を頭の中でつなげてなんとなく意味を汲み取る、といった読み方をしていると、中途半端に「わかった」状態になってしまい、それがより正確な読みを邪魔してしまいます[2]。
　難解な専門用語を見た途端に深く読み込むことをあきらめてしまうような習慣もあらためないといけません。いざ自分が文章を書く側に回ったときに、意味もなく難しい用語をそこここにまぶして誤魔化したいという誘惑に勝てなくなってしまいます。これについては「コラム：ジンクピリチオン効果」も参照してください。

---

[2]　書籍『AI vs. 教科書が読めない子どもたち』で知られる新井紀子はこうした読み方を「AI読み」と呼んでいます（新井 2018）。

ジンクピリチオン効果

「ジンクピリチオン効果」とは、言葉の意味はよくわからなくても「わからないけど、なんだかすごそうだ」と思わせる、耳慣れない言葉が醸し出す効果を表す言葉です。清水義範の小説『インパクトの瞬間』（清水 1988）で提唱されたものです。同書から引用しましょう。

「ジンクピリチオン配合。
虚心に、この言葉だけに耳を傾けなければならない。そしてそうすれば、あなたは必ずこう思うはずなのである。
なんだか、すごそうだ。」

元々はあるシャンプーの広告に「ジンクピリチオン配合」という宣伝文句が使われていたのがこの言葉を思いついたきっかけなのだそうで、広告にはこの種のハッタリを効かせた言葉が溢れています。「デュラムセモリナ粉100%配合」と言われればよくわからないけど美味しそうだし、「コエンザイム入り」と言われれば、とりあえずなにかしら体にいいのだろう、といった感じで、すごそうな言葉を見るとその真偽の程や実際の効能までに考えを及ばさずに受け入れてしまうことが私達にはあります。最近だと「ディープラーニング」が、そのジンクピリチオン効果を各所で遺憾なく発揮していますね。

同じことが学術論文やレポートにも言えます。すごいことをやっていると読み手になんとなくでも思ってもらいたいがために、ジンクピリチオン効果の強い言葉をレポートにまぶしたりしていませんか。

専門用語は、適切に使用されていれば、議論を簡潔明瞭に記述することができ、とても便利です。概要や抄録のように、さっと目を通して全体を把握することを目的として書かれた文章では、専門用語による圧縮を図ることが不可欠です。

しかし、平易に書けることをインパクト欲しさにわざわざ大袈裟に書くようではいけません。脈絡のない専門用語を断りなしに使うのは読み手をとまどわせるだけです。レポートや論文の添削をしている側から言わせていただくと、ジンクピリチオン効果を狙って挿入された言葉は、往々にして地に足がついておらず、文章中で浮いてしまっているのがよくわかり、印象を悪くします。

専門用語は、用法・用量を守って正しく使いましょう。

3 ② 「なぜ」の不足：理由を補って主題の立ち位置を明確にする

POINT!

- 「なにを」「どのように」だけではなく、「なぜ」も書こう
- 自分のやったことを他の選択肢と比較しよう
- 読み手が考える「普通の選択肢」を予測しよう

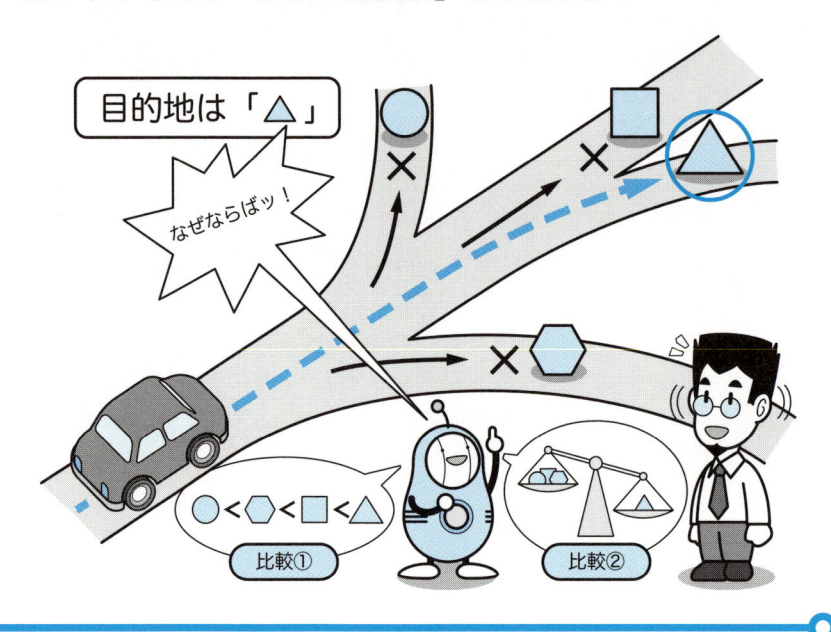

「なぜ」が不足するとなぜ問題なのか

　ある程度文章が書けるようになり、いわゆる 5W1H のうちの「なにを（What）」「どうしたか（How）」をわかりやすく表現できるようになってくると、次に課題としてもち上がってくるのが**「なぜ（Why）」の不足**です。「なぜ」それなのか、「なぜ」そうしたのか、といった、理由についての説明が、初心者の文章では不足しがちなのです。

　例えば次の文を見てみましょう。

高齢者介護の支援はますます重要になっている。（略）そこで我々は熟練介護士の視界をリアルタイム撮影する行動記録システムを構築した。同システムでは遠赤外線カメラを搭載し、また姿勢検出には三軸加速度センサを用いる。

このような文章を読むと、ざっと次のような疑問を読み手は抱きます。

・高齢者介護の支援にはいろいろな方向性があるが、**なぜ**介護士の行動記録システムに着目したのか
・視界を記録する上で**なぜ**他のカメラではなく遠赤外線カメラを使ったのか
・姿勢検出に使えるセンサはいろいろあるのに**なぜ**三軸加速度センサなのか

　この分野についての基礎知識がある読み手であれば、途中まで文章を読むとそれに関連する選択肢を複数思いついています。そして続きを読んで書き手が実際に選んだ選択肢が判明すると、思い浮かべていた選択肢群とそれとを比較し、「なぜそれを選んだのだろう」と考えます。その説明が不足していると、読み手の困惑を招くのです。
　ですので、**読み手が抱くであろう「なぜ」を書き手は予測し、先回りしてそれを文章として記述しておくことが求められています。**

隠れた「なぜ」の見つけ方

　読み手の抱く「なぜ」を先回りして見つけるのは、簡単ではありません。文章を書いた本人はその背後にある「なぜ」を知っていますから、文章からそれが欠落していることに気づきにくいのです。**隠れた「なぜ」は意識的に探し出すことが必要です。**

物事の比較で考える

例えば、「なぜ」その材料を選んだのか、「なぜ」そのやり方にしたのか、「なぜ」それらの事実からその結論を導けるのか、自分が選択した事実だけをいくら眺めても、その理由を説明するのには役に立ちません。ここで役に立つのが**比較**です。

自分が選んだのが材料Aだった場合、それは材料BやCと比べて、どのような特徴があり、そのうちのどんな特徴が自分の目的に適していたのか、考えてみましょう。それがそのまま、材料Aの選択理由となります。同様に、手法Aを選択した理由は、手法BやCと比べてみると考えやすくなります。

このように、自分が選んだ選択肢に類似する他の選択肢にどのようなものがあり得たのかを考え、それらとの違いに目を向けることが、「なぜ」を考えるコツになります。

読み手がどう予測するかを探る

文章の流れから、読み手がどのように先の展開を予測しているかを書き手が掴み損ねてしまうと、「なぜ」の不足を招きます。

これを防ぐには、**読み手にとって自然な展開というものを書き手が知る必要があります。**ちょっと極端な例ですが、こんな文章があったとします。

お金がなかったので、レストランへ行った。

読んだ後、ごく自然に「なぜ?」と思われたことでしょう。お金がないなら、ハンバーガーショップや牛丼店などのもっと安い店に行きそうなものです[1]。この例からわかるように、読み手にとって意外な展開には理由の説明が必要です。読み手がどのように予測するかがわかっていれば、それと実際

[1] ちなみにこれは筆者が指導する学生が発した言葉で、実際には「知り合いのレストランで臨時のアルバイトをさせてもらった」という意味でした。

とを比較することで、理由を説明できます。

　ただ、これは言うのは簡単ですが、実行に移すのは簡単ではありません。一番手っ取り早いのは、他の人に文章を読んでもらうことです。同じ情報を共有していない他人の視点から見て、どのような選択肢が思い浮かんだかを教えてもらうとよいでしょう。また、同じ分野の題材を扱った文献に目を通していれば、自然とその分野の常識が頭に入ってきますので、自ずと選択肢が思い浮かぶようになるはずです。

● 書き手の常識は読み手の非常識

　以前、海外の人と子育ての話をしていたときに「うちの子は最近、毎日お風呂で数を数える練習をしているよ」と言ったら、「なぜお風呂で?」と聞かれたことがありました。考えてみれば湯舟に浸かる習慣がなければ、体をよく温めるために子供に数を数えさせるという風習もないはずです。

　自分では説明不要の常識だと思っていたことでも、文化や習慣が違えばそれは通じません。もし書き手が自分ではなく、国も世代も異なる人だったとしても同じように書くだろうか……と想像してみてください。もし違和感を覚えたのなら、そこに「なぜ」を説明する必要性が隠れています。

❶次の文はある研究の概要説明文です。「なぜ」が不足している箇所を指摘しましょう。

❷「なぜ」を補ってみましょう。他の選択肢を補うのが難しい場合は、「○○」や「〜」で省略しても構いません。形だけでも書いてみましょう。

本研究ではピアノ鍵盤への操作に応じて鍵盤周辺に映像を提示するシステムを提案する。鍵盤操作の検出にはMIDIキーボードを利用し、映像提示には液晶プロジェクターを用いた。

③ 「なぜ」を繰り返す

POINT!

- 主張に対して「なぜ」を繰り返し適用し、問題の本質を見つけ出そう
- 書き手と読み手との知識ギャップを埋めるまで繰り返そう
- 「なぜ」がうまく書けない箇所にこそ本質が隠れている

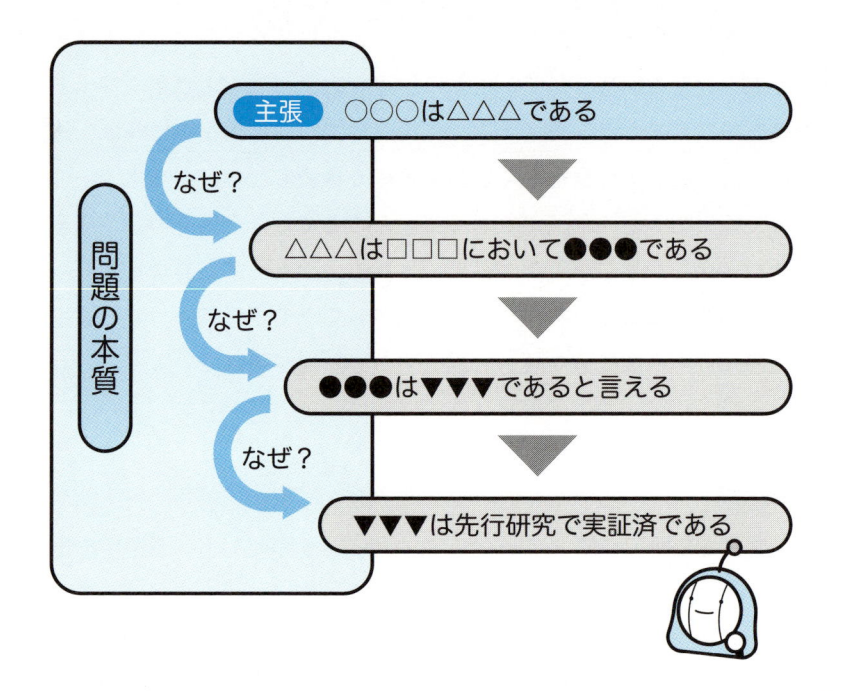

「なぜ」を掘り下げる

　読み手と書き手との間にある知識のギャップを埋める上で、「なぜ」を提供するのが有用である、ということを「③②『なぜ』の不足」で説明しました。しかしどうやって隠れた「なぜ」を発見すればいいのか、またどれくら

いの量の「なぜ」を書けばいいのか、具体的なやり方がわからず困る方も多いようです。

そこで、製造現場における問題分析の手法としてよく知られている「なぜなぜ分析」をヒントにした、「なぜ」を見つけ出す分析方法を紹介します。

● 準備

分析はコンピュータ上で、テキストエディタやワープロソフトを使って行います。紙と鉛筆ででもやってできないことはないのですが、行を入れ替えたり、後からテキストを書き足したりするので、コンピュータ上で行うほうが思い切りよくやれます。

ほとんどの作業は箇条書きで行います。箇条書きの支援機能があるエディタであれば、それを活用しましょう。

● 分析手順

まず、①最初の行に、分析の対象とする、伝えたい主張を記入します。

次に、②その主張に含まれる情報のうち、読み手がまだ納得できない可能性のある事項に印をつけていきます。読み手が納得できない事項とは、前TOPICで説明したように、書き手の下した選択以外の選択肢があるものや反論可能なものがその候補になります。

こうして印をつけたら、③次の行以降に、印のついた事項について、その選択や判断の理由を副項目として、字下げをして書いていきます。印のついた事項が複数あれば、その数だけ書いていきます。「なぜ」が複数ある場合は、項目を分けて書いてください。

以降は、この②・③の作業を繰り返します。すなわち、新しく書き加えられた「なぜ」に対し、読み手がまだ納得できない可能性のある事項に印をつけ、それを補足する「なぜ」を副項目として、付け加えていくのです。

最終的に印のつく事項がなくなったら、いったん分析を終了します。

● 具体例

それでは実際に分析してみた例を見てみましょう。

主張：空中での手の動きで演奏する楽器は実用的ではない

・演奏を続けるために空中で手を動かし続けなければいけない

　　・空中で手を動かし続けるのは疲れる

　　　　・詳しくは [David 2014]

・手の動きだけで正確な音程を演奏するのは難しい

　　・手を空中で何の支えもなしに正確に動かすのは困難

　　　　・詳しくは [Bérard 2009]

　この例では二つの「なぜ」に対し、それぞれ論拠となる参考文献を示すところまで辿り着きました。後はそれらを読んでもらえばよいので、ここで分析を止めています。

　なお、このように隠れていた「なぜ」を明らかにしておくと、後で行う議論のための論点も明確にできるという利点もあります。上の例で言えば「正確な音程をとる必要のない音（例えばリズム音）を出すのなら実用になるのではないか」といった反論を組み立てて、議論を深めることができます。議論については「④④　理工系論文の書き方」の「議論と結論」の項目を参照してください。

「なぜ」をどの順番で説明するか

　分析を止めたら、まず各項目を再度点検しましょう。複数の項目で同じことを主張していたり、文書の他の章で説明済みであったりするなど、整理できる箇所があれば箇条書きのうちにやっておきましょう。

　整理が終わったら、列挙された「なぜ」をどの順番で説明するか、検討を進めていきます。「①③　大事なことは早く書く」の原則から言えば、箇条書きの上から順番に説明していくのが基本です。ただ、それらを闇雲に並べて書くと「〜である。なぜなら〜。なぜなら〜…」と「なぜなら」が並び、読みにくくなってしまいますので、「②④　順列型と並列型」を参考に、節や段落を分けて記述することも検討しましょう。

　細かな「なぜ」を本文に組み込むと、文章が煩雑になって読みにくくなることもよくあります。内容によっては脚注にしたり付録として末尾に移した

りすることも考えましょう。

 ## 「なぜ」がうまく書けないときこそが勝負

　ここまでの説明では、「なぜ」は意識しないと見つけられないが見つけてしまえば説明はできる、という前提で話を進めてきました。

　しかし、「なぜ」と聞かれても、うまく説明できないなあ、と思ってしまうこともあるでしょう。なんとなくわかってるつもりだけど言葉にできない、というときもあります。先生や上司にそう言われたから、以上の理由が自分の中にない、なんてときもあるかもしれません。

　そんなときこそが、実はとても大事なときです。**自分がなにをわかっていないのかを見つけ、なんとか説明できないかと踏ん張って考え抜くことが、人を大きく成長させます。**懸命に参考文献を探したり、データをより詳細に分析したり、理由を知っているはずの人に喰いさがって話を聞くなど、「なぜ」を説明するための材料を探しましょう。

演習

　「❸② 『なぜ』の不足」の主張である、「文章には理由を表す『なぜ』が不足しがちなのでこれを補わなければならない」を対象に、「なぜ」を掘り下げて分析してください。掘り下げるのに必要な情報は同TOPICを参考にしてください。

TOPIC
③④ 全体から詳細へ

POINT!

- まず全体像を示してから詳細情報を書こう
- 詳細情報は既有知識とつなげやすい順番で示そう
- 話の主軸がわからなくなったら文章を書く手を止めてよく検討しよう

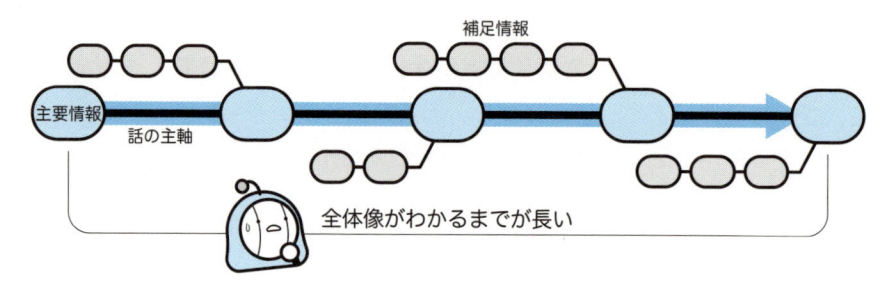

補足情報

主要情報　話の主軸

全体像がわかるまでが長い

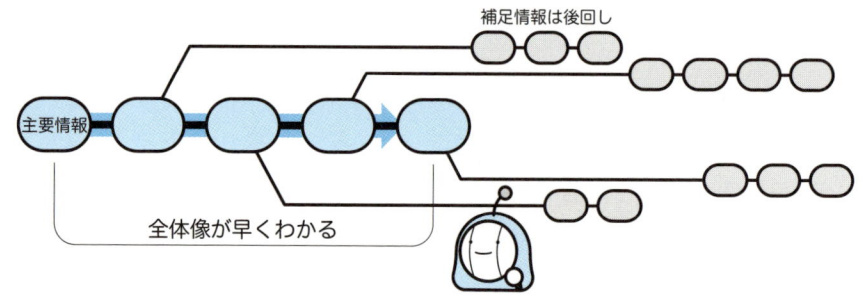

補足情報は後回し

主要情報

全体像が早くわかる

覚えきれない情報

「②① 既知の情報から新しい情報へとつなげよう」では、読み手は文章を読むとき、すでにもっている知識（既有知識）に新しい情報を結びつけながら読んでいる、ということを紹介しました。そのために「既知情報→新規情

報」の順に情報を配列すると読みやすい文章になる、ということをそこで学んだはずです。ここではさらに、説明の順序がもたらす読みやすさへの影響について学んでいきます。

　次の例文を読んでみてください。

コンピュータのメモリ階層は、小容量で高速な読み書きができるレジスタやそれより容量は大きいが読み書きの速度が比較的遅いキャッシュと、容量が大きいが読み書きの速度が遅いメモリによって構成される。また、外部記憶装置はさらに大容量かつ読み書きは低速で、これもメモリ階層に含まれる。

　「コンピュータのメモリ階層」について詳しい知識をもたない読み手にとって、この例文はなかなかの難物です。まず「コンピュータのメモリ階層は」まで読み進めたところでは、この文章がメモリ階層についてこれからどう説明を進めるのか、定かではありません。その次にある「小容量で高速な読み書きができる」というのがメモリ階層についての説明なのかと思いきや、それが「レジスタ」の説明であったことがわかります。「キャッシュ」に関する説明も同様で、細かい情報についてはそれらをいったん脇に置いて先を読み進めていくことになります。

　最後まで読み進めて、ようやくこの文章が、メモリ階層を構成する各層を説明するものだったことがわかります。それがわかる頃には、レジスタについての説明は頭から抜け落ちてしまっていることでしょう。さらに「外部記憶装置」が突然登場し、それがメモリ階層に含まれるのか含まれないのかは、最後まで読まないと確定しません。

　この文章の構造を整理して図で表したものが、次ページの図になります[※1]。中央に走る線は話の主軸です。先ほどの例文で言えば、「コンピュータのメモリ階層はレジスタ・キャッシュ・メモリ・外部記憶装置によって構成される」

※1　この文章構造の図法は、[Leggett 1966] を参考に筆者が改良を試みたものです。

が主軸になります。それ以外の情報は主軸を補足する情報となります。

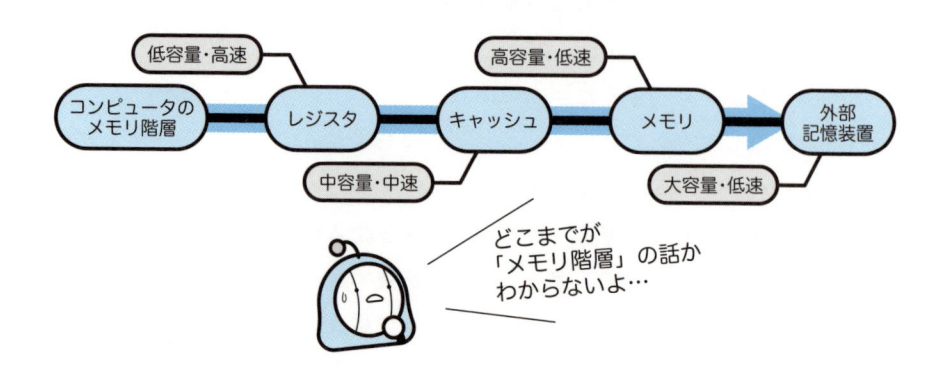

この図は整理してあるので主軸がはっきりしているようにも見えます。しかし例文を初めて読んだときは、どの情報が主軸でどの情報が補足情報なのか判断に迷い、文章構造がどのようになっているかをすんなりとは理解できなかったことと思います。

この文章の問題点は、どこにつながるのかはっきりしない情報の断片を覚えながら読み進めなければならないことです。文章の要点がメモリ階層の構成の説明であることは、最後まで読まないとわかりませんし、それがいくつの部分で構成されているかも、よく読まないと定かではありません。

一時的に保持される記憶のことを短期記憶と呼びますが、短期記憶は一度に沢山の情報を保持できないとされています。その数は、数え方にもよりますが、四つ前後が限界という説が近年では有力です（Cowan 2001）。そんな短期記憶に沢山の情報を保持させるような文章では、読み進めるうちに始めのほうに書かれていた情報は忘れてしまうため、何度も読み返さないと内容が頭に入ってきません。

しかし、情報は既有知識とつなげると覚えやすくなります。ですから、情報は既有知識との関連を早めに示し、宙ぶらりんのまま長く残さないようにすることが肝心です。

主要な情報をまず説明し、補足情報を後から加える

それではこうした文章を改善する具体的な方法を見てみましょう。

まず、話の主軸を見定めた上で、それを先頭に書いてしまいましょう。主軸となる情報を確実に読み手に伝えることがもっとも大事ですから、それを先に言い切ってしまえば、読み手はそれが主軸であるかどうかの判断に迷うことがありません。

補足情報は主軸の後に続けて書きます。場合によっては同じ言葉を何度か書く必要が生じますが、読みやすさ・確実さを優先しましょう。なにせ読み手は、全体にさっと目を通すことを目的として、細かい情報を読み飛ばすこともよくあります。主軸を読み飛ばされては困りますが、補足情報は必要になったときに再読してもらえればよいと割り切りましょう。

話の主軸がどこにあるかが書き手の自分にもよくわからない場合は、そもそも書こうとしている内容に対する理解が不足しています。いったん手を止め、研究ノートを見返したり参考文献に目を通したり、同僚や上司と議論するなどして、理解を深めたほうがよいでしょう。

次に補足情報ですが、補足情報は基本的に「主軸で示された既知情報＋新規情報」の組み合わせで書くことになります。情報は「既知情報→新規情報」の順に配列するのが原則ですから、補足情報もその順番で書くことを意識しましょう。「容量が大きいのがメモリで…」ではなく、「メモリは容量が大きく…」です。

以上を念頭に置き、先ほどの例文を再構成してみましょう。

コンピュータのメモリ階層はレジスタ・キャッシュ・メモリ・外部記憶装置によって構成される。レジスタは小容量かつ高速に読み書きでき、キャッシュはそれに比べると容量が大きいが読み書きの速度は遅い。メモリは容量が大きくかつ読み書きの速度は遅く、外部記憶装置はさらに大容量かつ低速である。

この整理した文章を図示したものが次の図になります。前の図と比べると、話の主軸が明らかになっているのがわかります。

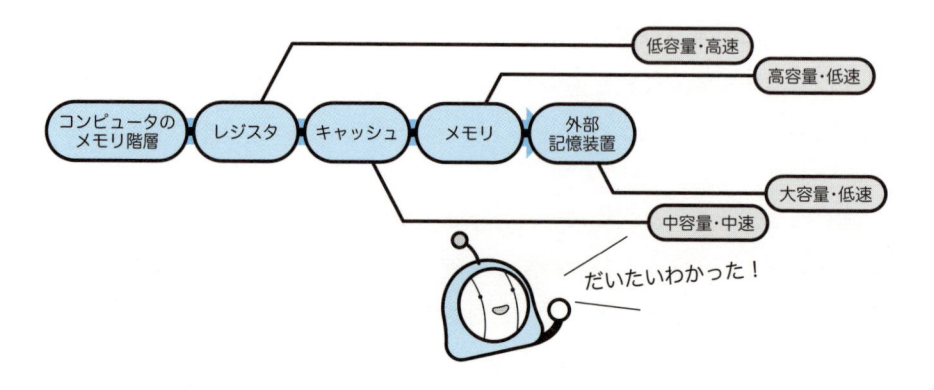

　なお、ここまで整理すると、この例文はさらに整理して短くできることに気づきます。

コンピュータのメモリ階層はレジスタ・キャッシュ・メモリ・外部記憶装置によって構成される。容量はレジスタ・キャッシュ・メモリ・外部記憶装置の順で大きくなるが、読み書きの速度はこの順で遅くなる。

　ここでは、説明の順番を入れ替えることで読みにくさを改善できることを学びました。さらに「③⑩　修飾語と被修飾語の関係を改善する」を合わせて読むと、理解を深めることができるでしょう。

ゲームの説明文を書いてみましょう。以下はトランプゲーム「神経衰弱」のルールの要点を並べたものです。これらを整理して、説明文を書いてみてください。

・「神経衰弱」はひとそろいのトランプを使用する。ジョーカーは含めない
・すべてのカードをよく混ぜたのち、裏向きにして机の上に並べる
・このときカードは規則的に並べず、乱雑に並べるのがよい。ただしカードが重ならないようにすること
・手番が回ってきたプレイヤーはカードを2枚めくる。2枚が同じ数または記号であれば、プレイヤーはその2枚のカードを得ることができ、さらに2枚めくることができる。異なっていた場合はそれらのカードをその場で再び裏返す。手番は次のプレイヤーへ移る
・すべてのカードが取られたらゲームを終了する
・ゲーム終了時に、取ったカードの枚数がもっとも多いプレイヤーの勝ちとなる

3 ⑤ 助詞の使い方を見直そう

POINT!

- ●「てにをは」といえど甘く見てはダメ。適切な助詞を選ぶ原則を身につけよう
- ● 助詞は読み手に次の展開を予測させる「つなぎ」
- ● 曖昧な助詞は避け、主張を明確にする言い回しを使おう

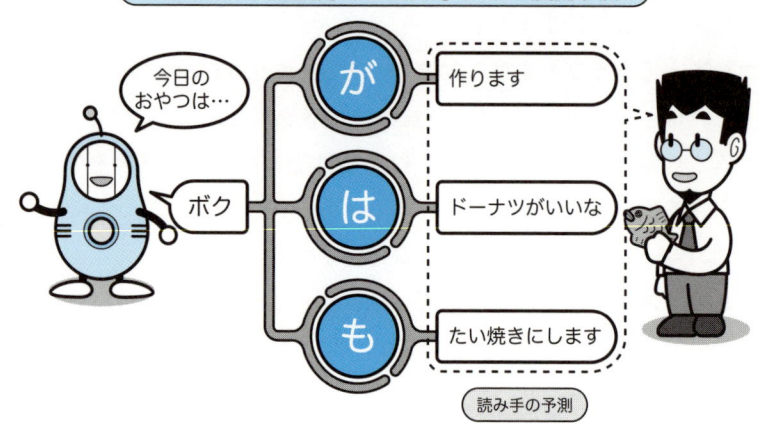

「てにをは（助詞）」＝「つなぎ」による展開予測

「てにをは」を甘く見ないで

　本書をお読みの皆さんなら、さすがに「てにをは」の正しい使い方の指導は不要でしょう。急いで文章を書いているときに間違えてしまったり、文章をあちこちいじっている間にうっかり直し忘れたりしたのが残っていた、ということはあるでしょうが、文章を厳しく読み直す習慣が身につけば、自然にそれは少なくなっていくはずです。

　では、助詞をより効果的に使いこなすことはできているでしょうか？ 例えば「駅へ行く」と「駅に行く」の違いを理解し、自分が伝えたい内容により

ふさわしいほうを選択できているでしょうか？ **助詞は正しく使うだけでなく、より戦略的に、効果的に使うことで、文章力を一段高めることができます。**

　助詞には、思った以上に沢山の種類があります。ひらがな1〜2文字で表されるごく基本的なものから始まって、「〜に対して」「〜とともに」といった「複合助詞」と呼ばれるものまで含めると、膨大な数になります。それらのすべてを網羅的に知る必要はありませんが、少しでもよいほうを選択できるような原則を身につけましょう。「てにをは」レベルはもう卒業、と甘く見るのは禁物です。

助詞の役割

　助詞を効果的に使うために、助詞の「つなぎ」としての役割を再確認しておきましょう。以下に主要なものを挙げます。

● 情報をつなぐ

　助詞の働きでもっとも大事なのは、語と語、あるいは句と句との関係を示す、というものです。「❷⑥　『つなぎ』が主張を明確にする」で説明したように、並べられた情報の関係を示すことが、主張を形作る原動力になります。もっとも、これは基本的なことですから、皆さんも自分の主張の大意を表す助詞選びにはそれほど苦労しないだろうと思います。

● 続く情報の理解を助ける

　「つなぎ」の効能の一つは、その後に続く情報の理解を助けるために、読み手の予測を誘導することにありました。助詞の場合、例えば「車掌は運転士に異常を伝えた**のだが、**」という文章があればその後で、運転士は車掌の意図と異なる行動をとるであろうことを読み手は予測するでしょう。

● 主張を形作る

　情報は書き手によってつなげられる以上、そのつなぎ方には書き手の主張が込められています。助詞も同じで、例えば「あの人は頭はよい**けど…**」と書けば、そこに自ずと主張が宿ります。ただし、書き手の主張を込める以上、

理由や論拠を合わせて提示することも忘れてはなりません。

 ## 意味をより明確にする表現を選ぼう

　適切な助詞を選ぶ上で問題となるのは、たいていの場合、同じような関係を表す助詞が複数あり、どれを選ぶかによって文意に違いが生じたり、明瞭さを損ねたりしてしまうことです。注意すべきパターンを挙げます。

○「は」と「が」、「に」と「へ」などの細かな違い

　次の二つの文は似たような意味ですが、その意味するところが異なります。

　　A：この実験では、被験者はレバーを操作した。
　　B：この実験では、被験者がレバーを操作した。

　Aの文では、被験者の役割についてはすでに説明済みであり、「（その）被験者は（なにを操作するかというと）レバーを操作した。」と、レバーのほうを新規情報として提示する形になっています。一方Bの文では、「（誰が操作するかというと）被験者（のほう）が（その）レバーを操作した。」と、レバーのほうが既知の情報で、それを操作するのは被験者のほうであった、ということを新規情報として提供する形になっています。

　既知の情報と新規情報については、「②① 既知の情報から新しい情報へとつなげよう」もあわせて読み直してみてください。

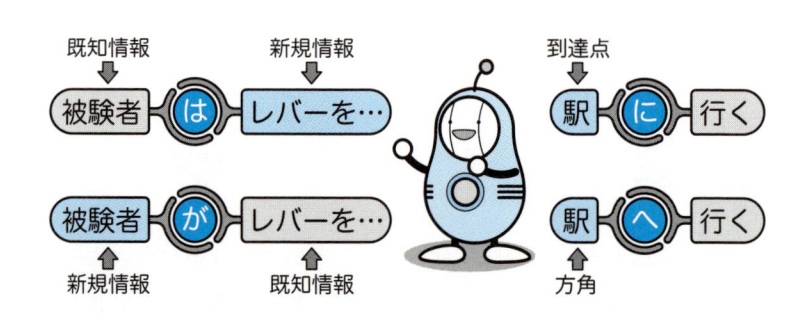

また、本TOPICの冒頭で例に出した、

C：駅に行く
D：駅へ行く

も、意味するところは似てはいますが差があります。Cは目的地である駅に焦点が当たっていますが、Dでは駅へ行く途中も対象に入ってきます。例えば「とりあえず駅に行ってみるか」だと、駅に着いてから目的を探す文意になりますが、「とりあえず駅へ行ってみるか」だと、駅へ行く途中で寄り道してもよさそうに聞こえますね。

このような細かな違いを感じとり、もっともふさわしいものを選び抜くことで、文章は格段に読みやすくなります。

○ 曖昧な「が」

次の二つの文を見てください。

E：運転を再開した**が**、間もなく中止になった。
F：運転を再開した**が**、結果は順調だった。

Eでは逆接の接続助詞として「が」が使われています。これは接続助詞「が」の基本的な使い方であり、おかしなところはありません。Fの文では「が」が使われているところまではまったく同じですが、上の文と異なる結果を示す文が続いており、それでもとまどうことなく読めてしまいます。つまりこの「が」は、どちらの結果を示すのにも使えてしまうため、先の展開を読み手に予測させる力が弱いと言えます。

先の例文では、結論は「が」の直後にあるのでさほど問題にはなりません。しかし、「が」から結論までの間に長文が挟まるような場合には、読み手はその先の予測ができないまま読み進めねばならず、ストレスを高めることにつながります。そのような場合には「が」の使用を避けるか、言葉を追加するのがよいでしょう。Eであれば、「運転を再開したが、しかし～」とすれば逆

接であることがより明確になります[※1]。

● 単独の「など」

　助詞の「など」は、それまで列挙された語句に類似する物事が複数あることを示すのに使われます。次の例文を見てください。

タッチディスプレイの問題点としてこれまでに、腕が疲れる、正確な場所を指し示しにくい、**画面が隠れるなど**の点が議論されてきた。

　このように、複数の例を示した後で「など」と書くのが基本です。これを、

タッチディスプレイの問題点としてこれまでに、**腕が疲れるなど**の点が議論されてきた。

というように、例を一つだけ示して使うのはよくない書き方です。例が複数あれば、それらに共通する性質を見ることで他の類例を推測することができますが、例が一つしかないとその手がかりがなくなってしまうのです。上の例文で言えば、「**腕が疲れるなど**」という情報だけでは、操作に伴う疲労に関する事例のみを扱おうとしているようにも読めてしまいます。

　「など」を使う際には、どのような事例を対象にしているのか、その共通する性質を見極めた上で、それを読み手に伝えることを意識しましょう。共通の性質をよく表す事例を二つ三つ並べるのに加えて、その性質を言葉にして示すのも効果的です。

※1　接続助詞「が」についてはp.123の「コラム：接続助詞『が』の問題」でさらに詳しく扱っています。

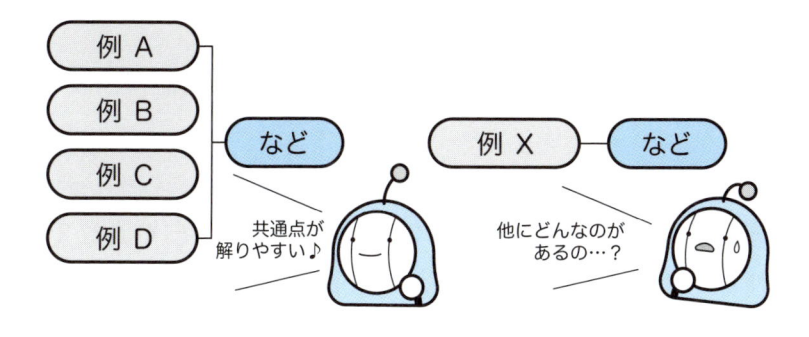

　助詞は日本語の文章においてとても大切な役割を担っています。助詞の使い方次第で、文章の読みにくさを一段も二段も改善することができます。

　ここで挙げた以外にも、助詞には様々な注意点があります。読みにくく曖昧で意味が通りにくい文章に出会ったら、助詞の使い方にその原因がないか、点検してみる習慣を身につけましょう。

文脈をうまく流すには

● 段落と段落とを滑らかにつなげると、文脈がうまく流れていく
● 流れがいまひとつに思えたら、段落の中身を前後の段落から補間できるか試してみよう
● 補間したものと食い違いが大きいときは、前後を含めて構成を再点検しよう

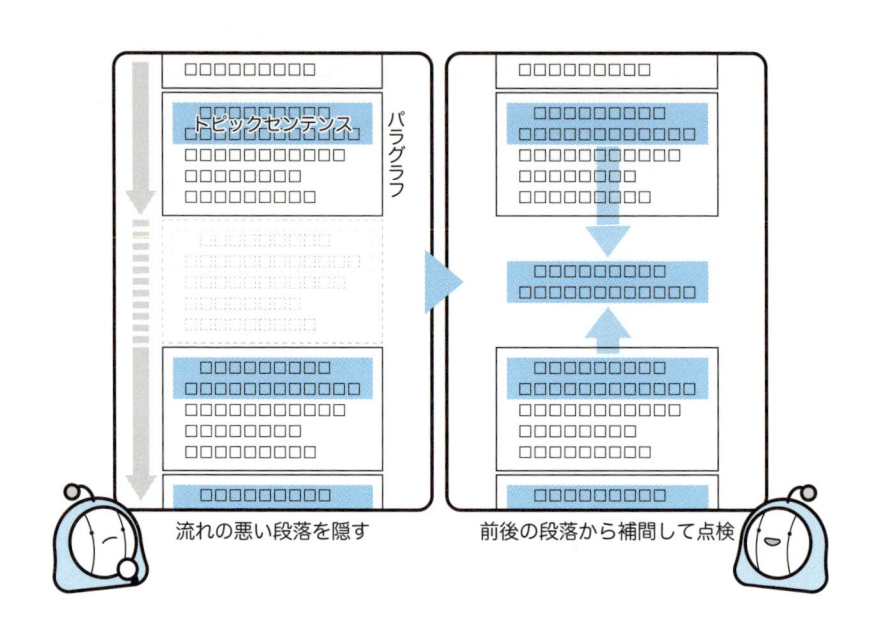

流れの悪い段落を隠す　　　前後の段落から補間して点検

「流れるような」文章を目指して

　書いた文章を読み返してみて、なんだかつっかえるな、読みにくいなと思うのだけど、つっかえる箇所を読み返してもどこがよくないのかいまひとつ判然としないことがあります。個々の文はどれもそれほどおかしくないのに、

通して読んでみるとスッと読めない、なんてときは細かいところをいくら手直ししてもいっこうによくなりません。

そんなときは、**「文脈」がうまく流れていない**のかもしれません。文脈は、段落と段落との関係によって築かれます。前後の段落と内容がつながっていれば「文脈が流れている」、つながりが弱ければ「文脈が切れている」と言います。文脈が切れている箇所では展開の予測が働きにくく、読みやすさが失われ、つっかえてしまいます。

文脈の流れは前後の段落との関係によるものですから、つっかえる箇所だけ見ても問題点を発見することはできませんし、そこだけ修正しようとしてもうまくいかないのです。

文脈の欠陥を見つけるには

ここでは、文脈が流れているかどうかを点検する方法を一つ紹介します。ちょっと手間がかかる方法ですが効果が高いので、試してみてください。

まず、おかしいと思った段落を隠し、そこに書いてあることをいったん忘れてください。次に、その段落の前後の内容を見て、隠されている段落にはどのようなことが書かれているのか、頭の中で補間してみましょう。少なくとも隠した段落のトピックセンテンスは前後の段落のトピックセンテンスからおおむね予想がつくはずです。

段落を補間したら、隠していた段落の文章と見比べてください。もしそれらに食い違いがあれば、隠していた文章は前後の段落の内容をつなげることができていなかったことになります。

文脈を治療する

隠した段落の内容と補間した内容とに食い違いが生じるのは、隠していた段落の内容に問題があるか、前後の段落に問題があるか、あるいはその両方、ということになります。それぞれの場合について、治療法を見てみましょう。

○ 隠していた段落に問題がある場合

よくあるのは、段落に内容を詰め込み過ぎている場合です。段落を複数に

分ける、もしくは文脈上不要な情報を削るか別の場所に移すといった処置を施します。段落を分ける場合は、「②④　順列型と並列型」で説明した構成を取り入れることも検討してください。

　また、段落の内容が足りていない場合もあります。大事な前提や事前情報が抜けていたせいで、文脈が切れてしまっていたのでしょう。「①⑦　再現性：読み手が同じことを再現できるように書く」「③③　『なぜ』を繰り返す」を参考にして、情報を補ってください。

● 前後の段落に問題がある場合

　隠していた段落の内容に自信がある場合や、そもそも前後の段落から内容を補間できない場合は、前後の段落のほうに問題があるのかもしれません。

　前後の段落のトピックセンテンスに問題がなさそうなら、前の段落の最後の文、つまり「展開」の文に問題がないか見てみましょう。展開の文と続く段落のトピックセンテンスとに齟齬がありませんか？　その場合は前の段落を再構成するほうがよいでしょう。

　後ろの段落に疑いがある場合は、トピックセンテンスがうまく書けていないことがほとんどです。「②⑧　パラグラフ・ライティング」を読み返して、段落の基本構造を再度学んでください。また、段落の冒頭に適切な接続詞が置けていないことも考えられます。「②⑦　接続詞が文脈を作る」を読んでみてください。

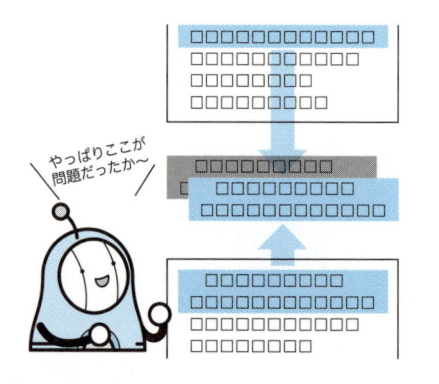

この「段落を隠して補間する」という文脈点検法は、自分でやるよりも他の人にやってもらうとなお効果的です。他人の文章を添削しているときに、文章の問題点を具体的に指摘するのにも役立ちます。

 **演習**

以下は架空の論文の一部を抜粋したものです。本TOPICで説明した方法を用いて、第2段落の前後で文脈が適切に形成されているか検討してください。すなわち、第2段落を隠した上で内容を補間し、その補間した内容が元のものと食い違いがないか検討してください。食い違いが大きかった場合、どの部分に問題があるかを指摘し、修正をしてください。

ゲームの面白さを分析してその要素を抽出し、セルフトレーニングシステムに適用することで利用者のトレーニング意欲向上を促す試みが盛んに行われている。例えば筋力トレーニングのための運動をゲーム化したり、英単語の学習プログラムにゲームを組込む例が多く知られている。

一方で、ゲームの面白さを対象とした研究の多くが、ゲームの面白さを支える重要な項目の一つとして「障害」あるいはそれに相当する概念を提示している。すなわち、ゲームの進行を一時的に阻害し、プレイヤーに繰り返しのプレイと上達を迫る仕掛けである。例えば強い敵や難しい謎などの登場が該当する。

そこで本研究では、ゲーム中で利用者に課す課題を、利用者の挑戦意欲をかきたてるような難易度に調節することで、トレーニング意欲を向上させることができるかどうかを測定した。具体的には…

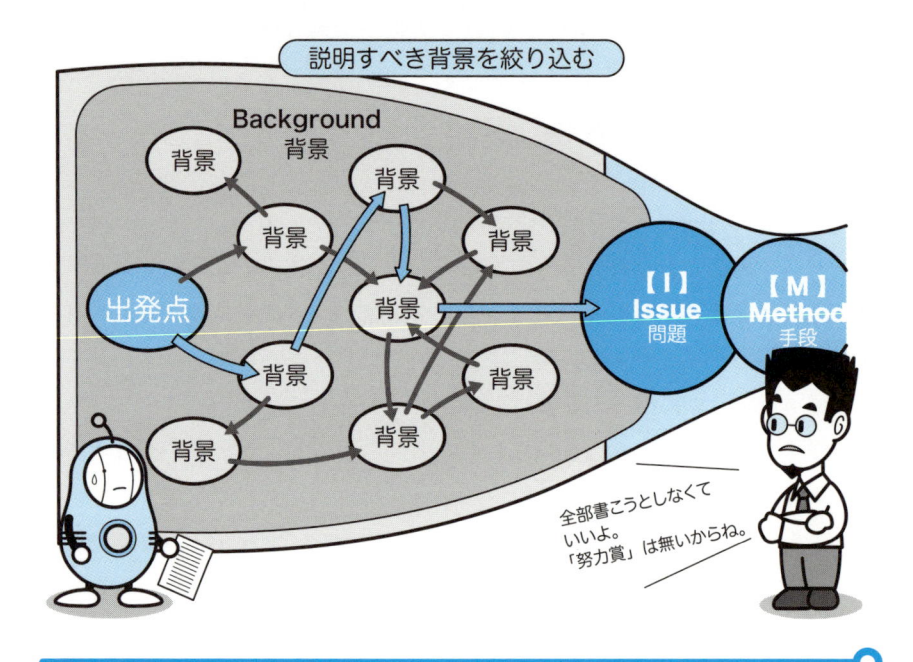

3⑦ 背景説明は最短経路に絞る

POINT!

- 大事なことを素早く読み手に伝えることに集中しよう
- 背景説明は、一番大事な主張に対してのみ、簡潔に
- 自分が勉強した証拠を示すために書かないこと

説明すべき背景を絞り込む

Background
背景

背景 背景 背景 背景 背景

出発点 背景

背景 背景

背景 背景

【I】
Issue
問題

【M】
Method
手段

全部書こうとしなくて
いいよ。
「努力賞」は無いからね。

背景説明が長くなる理由

　読み手にわかりやすい説明を心がけるあまり、背景説明をつい長く書いてしまう例をよく見かけます。確かに「①②　読み手を意識する」や「②①既知の情報から新しい情報へとつなげよう」では背景情報を読み手に提供せよと説明していますし、適切な量の背景説明はもちろん必要不可欠なものです。しかし、**いつまでたっても主題に辿り着けないくらい長々と書いてしま**

うのでは**本末転倒**です。

　長々と背景を書いてしまう原因の一つは、主題を説明するためにはあれもこれも説明しておかないといけない、という気持ちが強く出過ぎて、際限なく背景説明を追加してしまうことにあります。もう一つの原因としては、これは学生のうちにありがちなことなのですが、背景を書くことが割合楽なこともあるのでしょう。なにせ背景説明ではそれまでに勉強したことを書き連ねればいいのですから、なにをどの順番で書けばよいのか、あれこれ悩まずに済むということのようです。いわば「努力賞」狙いでつい長々と書いてしまうのは、誰もが一度は通る道です。

　そうした気持ちをおさえて、背景説明を適切な量でまとめあげるためには、意識して内容を絞り込み、簡潔明瞭に書かねばなりません。

読み手を主題まで最短距離で導こう

　どんな文章でも、一番大事なのは主題を読み手に伝えることです。背景説明はその目的のためにあるのであって、勉強の成果を示すためにあるのではありません。背景説明の目的は、主題を伝えるための支援であることが第一です。不要な情報は、ないに越したことはありません。

　ですから、背景説明は主題を理解するための必要最低限の内容に絞り込むことが必要です。背景説明を、読み手を主題まで導くための道にたとえるなら、回り道をせず主題までまっすぐ最短距離を通る道を用意しましょう。

　「①②　読み手を意識する」では、対象とする読み手がどのような背景知識をもっていることを前提とするのか、ワークシートに記入することを薦めています。これをあらためて眺め、そのような読み手が主題を理解するためにはさらにどこまで説明すべきかを吟味し、背景として掲げるべき情報を取捨選択しましょう。

　とはいうものの、主題に書かれていることも複雑であり、どう取捨選択すればいいのか判断がつきにくい、ということもあるでしょう。慣れないうちはその勘所も掴みにくいと思います。どの背景情報を優先すればよいか、判断基準を二つ紹介しますので参考にしてください。

○「問題」についての背景説明に絞る

「②⑤　本論は『IMR』」で書いたように、主題は「問題・手段・結果」によって構成されていますが、そのうちで優先すべきなのは「問題」に対する背景説明です。どれにも背景説明を加えたくなるところですが、この文章で報告している仕事が**解決しようとしている問題はなにか、それを理解するために必要な背景情報を優先して説明しましょう。**というのも、問題が理解できないと、その後に続く手段や結果についていくら懇切丁寧に説明しようと、それは無駄になってしまうからです。

○「手段」の背景説明は省く

一方で、「手段」についての背景説明は、大胆に切り捨ててもたいてい問題はありません。その仕事で採用した手段が、想定される読者にとってあまりに目新しく、既有知識を想起できないものでない限りは、先行研究の文献情報を挙げる程度で十分です。詳しく知りたい読者はその文献にじっくりと目を通すことでしょう。もし先行研究を参考にしつつ大幅に改変したのであれば、その差分は「手段」を説明する箇所で詳しく記すか、付録として記すとよいでしょう。

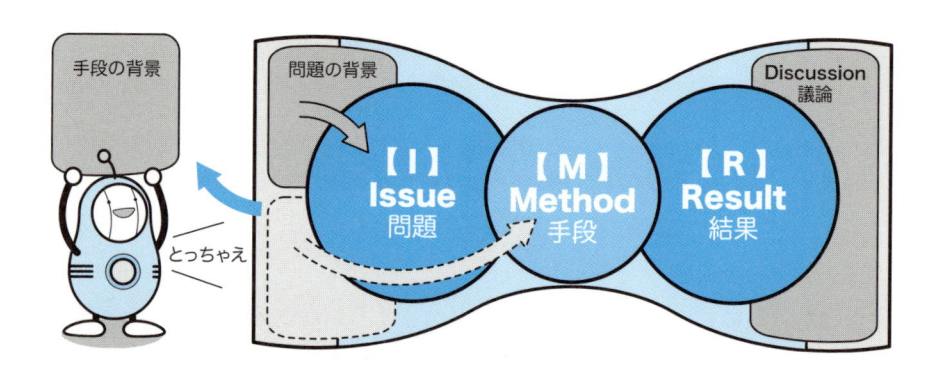

背景の文章量の目安については「④④　理工系論文の書き方」も参考にしてください。

COLUMN

接続助詞「が」の問題

「③⑤　助詞の使い方を見直そう」の中の「曖昧な『が』」で示したように、接続助詞「が」は逆接だけではなく、様々な関係を示すのに使うことができます。あまりにも様々な関係を示せるので、事実上なんの関係も示すことができない、とすら言えます。この問題は、[清水 1959] や [本多 1982] でも取り上げられており、どちらも逆接以外の用法での「が」の使用をとがめるものになっています。

しかしいまや、逆接以外の「が」の用法が私達の普段の言葉にしっかりと根を下ろしている以上、そこにはなんらかの必然性があるはずです。実際、[本多 1982] でも梅棹忠夫の言葉として、「しかし逆接以外の場合でも、意味的含蓄があってどうしても使いたいことがある」と述べてから、同書の中で数カ所そうした「が」を使っていることを本多は白状しています。どのようなときに、私達は「が」をそのように使いたくなるのでしょうか。

これについて、山下直は「が」は「区切り」としての機能をもっているという仮説を述べています（山下 2003）。特に話し言葉では、話し手自身が次になにを話すのかきちんと整理できていない状況で（実際の会話ではごく普通の状況です）、ひとまず区切りを入れるために「が」を使うことがよくあります。そこで文を終えずに「が」で続けるのは、そこからの話が、そこまでの話となんらかの関係があるということを話し手は示唆しようとしている、というわけです。また、「が」で区切ることは、それまでの情報は前置きであることを示し、情報としての重みを軽くする機能をもつとも山下は指摘しています。逆に言えば、「本当に言いたいことはこれから書くのだ」という気持ちの表れだとも捉えられそうです。

この仮説に沿うならば、主張があらかじめ定まっているべき書き言葉において「が」の使用があまりよい顔をされない一方で、情報の軽重を簡潔に示す方法として便利であることも、また納得できるように思います。軽重を簡潔に示すよい方法が他にない場合には、話し言葉を取り入れることで文章が軽く見えてしまうことを承知で「が」を使うのは構わないのではないかと、著者は思っています。もちろん話し言葉そのままに「〜が、〜が、〜が、…」と濫りに使ったり、主張を明確にするのを避けるために「が」で誤魔化したりしてしまうのは禁物ですが。

起きたことを時系列で語らない

POINT!

- 自分が体験したことを起きた順に書かないこと
- 主題を最短経路で語り、その他のことは書かない
- 苦労話や自慢話は誰も読みたくない。バッサリ削ろう

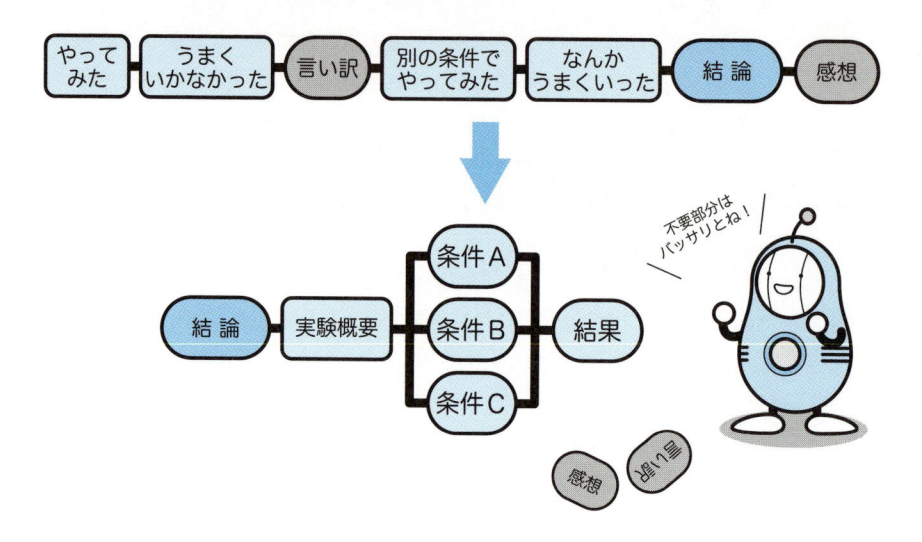

体験は書きやすい分、余計な情報が入りやすい

　論文でも報告書でも、実際に自分が手を動かして実行したことや体験したことを書くのは、問題設定を明らかにしたり議論をしたりするのに比べると、書きやすく感じます。とりあえず書き出すことはできる箇所なので、どこから手をつけていいのかわからないときは、こうした箇所から着手することを薦める本もあります。

　しかし慣れないうちは、「とにかく事実を書いてごらん」と指示されると、自分が体験してきた出来事を起きた順に、すなわち時系列そのままに並べて

書いてしまいがちです[※1]。「②⑤　本論は『IMR』で「手段」については書きやすい分、余計なことを書きがちであると指摘したように、**出来事をそのまま書くのは書きやすい分、余計なことをつい書いてしまい、読み手を混乱させやすい**のです。

なぜ時系列に沿って書くのは避けたほうがよいのでしょうか。これにはいくつか理由があります。

● 話の終着点が見えづらい

結果を求めて試行錯誤した過程をそのまま書いていた場合、それがうまくいくのかいかないのか、時系列の情報からは読み解けません。読み手にとって、いつまで読み進めれば結論に辿り着くのかはっきりしないまま読むのは、ストレスの素です。

● 読み手は結論を早く知りたい

読み手が一番必要としている情報は「結論」です。そしてその結論を引き出すのに最低限必要な情報に目を通したいのです。他のことはできれば目を通したくないと読み手は感じています。

● 出来事の整理ができていない

「ある手段を試してみた→うまくいかなかった→他の手段を試してみた…」という繰り返しだと、それぞれの手段にどのような違いがあるのか、その比較検討が疎かになりがちです。最終的にうまくいったとしてもその原因についての分析がないと、どうしてうまくいったのか、肝心なところがよくわからないままになってしまいます。

● 言い訳を書いてしまう

これは学生レポートでよく見かけるのですが、出来事を整理せずに体験した順で書いていると、同時期に体験した関係ない他の出来事もあわせて思い

※1　小中学生が書く夏休みや社会科見学についての感想文に、そうしたものが多いそうです（清水2001）。その頃の癖が残っているのかもしれません。

出してしまうものらしく、それらを言い訳の材料にして書いてくる者が後を絶ちません。もちろん仕事の文書には不要な情報です[※2]。

時系列に沿って書き出すのは、これだけの弊害があります。癖として体に染み付いてしまっているかもしれませんが、意識してその癖は取り除くようにしてください。

時系列からの脱却

ではどのように情報を整理するべきかですが、これはすでに、

- ①③ 大事なことは早く書く
- ②② 基本は「導入・本論・展開」の三部構成
- ②⑤ 本論は「IMR」
- ③④ 全体から詳細へ

などのTOPICで説明しています。理工系の論文を書くのであれば、「④④ 理工系論文の書き方」も参考にしてください。

なお、文章を準備する過程では、出来事を時系列で思い出しておくのもよいでしょう。特に「ある手段を試してみた→うまくいかなかった→他の手段を試してみた…」という試行錯誤の過程には、「なぜうまくいかなかったのか」「他の手段は前の手段とどう異なるのか」といった重要な情報が隠れているからです。これらを整理した上でよく検討し、補足情報として本論に加えていくことで文章の有用性を高めることができます。

このとき役に立つのが、実験ノートや業務日誌などの記録です。普段からそのような、将来検討に必要になりそうな情報をメモしておく習慣をつけておくとよいでしょう。

※2　ついでながら、レポート末尾に感想を付け加えたレポートも多く、困りものです。詳しくはp.127の「コラム：感想文から卒業しよう」を参照のこと。

感想文から卒業しよう

「③⑧ 起きたことを時系列で語らない」では、苦労話や言い訳を文章に書かないように説きましたが、大量の学生レポートに目を通していると、それ以上に目につくのが、レポート末尾に感想めいたことを書いて終わらせたものです。

実際に著者が目にした典型的な例を載せてみましょう。

今回の分析を終えて、普段遊んでいるゲームにも多くの技法が生かされていることを学んだ。これからはそれらの技法により注意してゲームを遊んでみようと思う。

今回の考察では一つの映画のことしか考察できなかったため、今後は複数の映画でどのような技術が使われているか考察しながら鑑賞していきたいと思う。

他の実験では被験者に緊迫感を与える様々な手法が使われていると思うので、今回取り上げた手法以外にも是非試してみたいと思った。

全国の大学教員の心境を代弁して書きますが、**レポートにとってつけたような感想を書くのはやめましょう**。著者の知る限り、このような感想を評価している教員は一人もいません。

小学生向け作文教室の講師を長く務めていた清水義範は、彼らにとって作文とは、最後になにか行儀のよい、良い子の書きそうな、大人が喜びそうなことを書いて締めくくらねばならないもの、として受け止められているのではないかと指摘しています（清水 2001）。言われてみると確かに小中学生の頃の作文は、なにかの出来事を通じて「自分は成長した」ということを書かねばならないような気がしていたものです。それが癖になってしまい、レポートにもついそうしたメッセージを書いてしまうのかもしれません。

しかし、論説文は対等の相手へ、また広く社会へ向けて発信する文章です。たとえ講義レポートであっても、将来そうした文章を書くための訓練として書いているものだと思って欲しいのです。

3 9 曖昧な表現を避ける

- 人に主題を伝えると決めた以上、曖昧な言葉で誤魔化さない
- 文章が曖昧になりやすいパターンをおさえ、厳しい目で読み返そう
- 曖昧さは書き手の責任。日本語のせいにしてはダメ

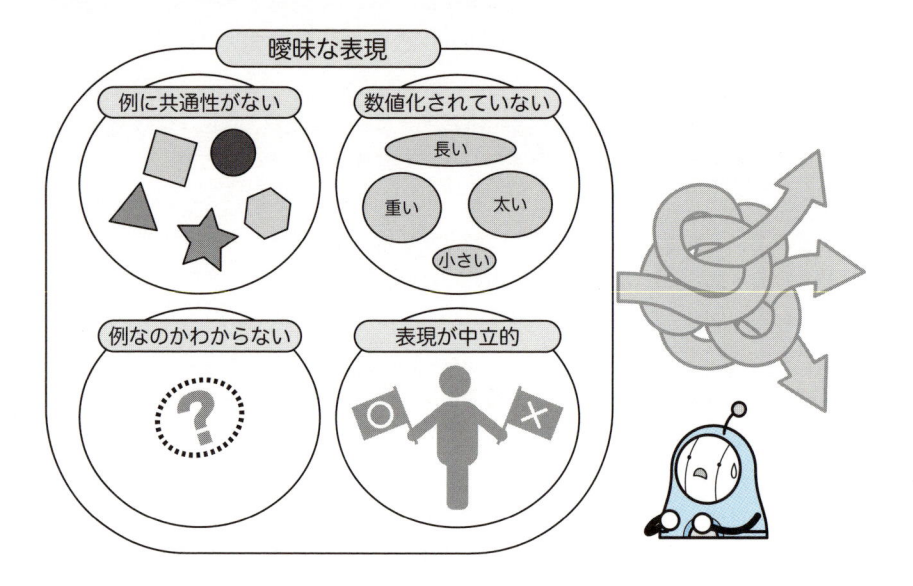

自分の文章が曖昧かどうかを見極めるのは難しい

次の例文を見てください。

ゲームのやり過ぎは脳の発達に少なからず影響を与える。

　文章を読むとき、私達は著者の言外の主張をなんとなく読み取る癖が身についています。この文章もその習慣でつい読み過ごしてしまいがちですが、実のところ、これは問題だらけの文章です。どれくらいゲームをすると「やり過ぎ」なのか、「少なからず」とはどれほどの量なのか、といった点が曖昧なのもそうですが、一番の問題はその影響がどのような影響なのか、明言を避けているところにあります。こうした曖昧な文章は、小説や随筆ではむしろ「味」として歓迎されることもありますが、**理工系の文書では曖昧な表現は避けるべき**です。「①⑦　再現性：読み手が同じことを再現できるように書く」で説明した通り、書き手が行ったことを読み手が検証できるよう、具体的で明確な情報を、文章には盛り込まねばなりません。

　しかしながら、自分の文章から曖昧な箇所を見つけるのは簡単なことではありません。自分はその詳細を知っているので、曖昧な記述があってもそれを補って読めてしまうため、問題を見過ごしてしまうのです。

曖昧表現のパターン

　ここでは、「曖昧になりやすい記述」のパターンを集めて解説します。このパターンに該当しそうな箇所を集中的に探すだけでも、曖昧な記述をかなり減らすことができるでしょう。

● 複数の例があるが、共通する性質が不明瞭

　なにかを説明する文章では、説明文だけでなく具体例を加えると、その理解を助けます。ところが、例を並べるだけで肝心の説明が不足しているパターンをよく見かけます。次の例文を見てください。

被験者を、事前アンケートの問1「一番の趣味は何か」への回答結果に基づいて次の二つの群に分けた。
・A群：「読書」「ゲーム」「料理」などと回答した者
・B群：「映画鑑賞」「工作」「楽器」などと回答した者

この文には、A群とB群にはそれぞれどのような共通の性質があるかの説明がありません。そのため、「など」で省略されている、各群に属する他の回答を推測することができません。また、どのような基準に基づいて回答を2群に分けたのかも説明されていません。例だけを並べても、なにを説明したことにもならないのです。**例を並べて示すときには共通する性質を示すこと**が必要です。

　もし共通する性質の言語化が難しいと感じるようなら、そもそも、その例で自分がなにを示そうとしているのか、自分でもわかっていないのかもしれません。いったん文章を書き進める手を止めて、研究や開発の手順に問題がなかったか、振り返ってみることも大事です。

● それが例なのかどうかがわからない

　例の示し方が引き起こす曖昧表現には他のパターンもあります。次に示す、あるゲームの説明書から抜粋した、ゲームの進め方についての説明の冒頭部分を見てください。

ゲームを始める前に、最初にカードを出す人をジャンケンで決める。

　最初にカードを出す人を決めるために「ジャンケンで決める」ことが指定されていますが、これは必ず「ジャンケン」でないといけないのか、他のどんな方法でもよいのか、あるいは他の方法でよいにしてもランダムに決定されるものであるべきなのかが、この文からは判断できません。どう決めてもよいのであれば、「任意の方法で決める」と明記するとよいでしょう。

　同種の問題については、「③② 『なぜ』の不足：理由を補って主題の立ち位置を明確にする」でも検討していますので、そちらもあわせて参照してください。

量が数値で表されていない・意図的にぼかされている

「長い鉛筆」や「軽い傘」といったように、長さや重さ、個数といった「量」を表す際、日常会話ではこれを曖昧に表現するのが一般的です。数を使って表現するにしても、「お昼は1時**頃**にしようか」とか「アイスを三つ**くらい**買ってきて」と、数に「くらい」とか「だいたい」といった言葉をくっつけて量をわざとぼかすのは、それを避けて量を明確にするとかえってぎこちなく感じてしまうくらい、私達の言語習慣に深く根付いています。

意図的に量をぼかす理由の一つは、その量そのものには特に理由がないという書き手の気持ちにあります。「お昼は1時頃にしようか」の例で言えば、1時という具体的な時刻には特に意味がないよ、という話し手の気持ちが「1時**頃**」という曖昧表現に込められています。

しかしこれは、一つ前の「それが例なのかどうかがわからない」と似た問題を抱えています。すなわち、そこに込められた意図が読み手には伝わりにくいのです。**書き手の狙いを明確にした上で、それを言語化することが大事です。**

数値情報を伝える際には、その数値がどれほどの精度をもつのかもあわせて伝えることが必要な場合があります。例えば「10グラム」という記述があったとして、それは11グラムでも9グラムでもおおむね差し支えないのか、あるいは10.05グラムでも問題になりかねないのかが、「10グラム」という記述だけでは読み取れないのです。

これを明らかにするために、「10 ± 1グラム」と範囲を示したり、「1.00×10^1グラム」と有効数字を示したりする方法が、理工系の文章では使われます。これについては分野ごとにそれぞれ好まれる書き方がありますので、その分野の代表的な教科書や文献を参考にしてください。

中立的な表現

例えばある場所の年平均気温が摂氏15度から16度に上昇したとしましょう。これを「平均気温が**変化した**」と書いてしまうと、気温が高くなったのか低くなったのかが判然としません。読み手側の平均気温に対する関心は、それ

が上昇したのか下降したのか、ということにあるでしょうから、この場合は「平均気温が上昇した」とその変化の向きを明記するべきです[※1]。

　この「変化した」のように、言葉自体がその変化の向きに対して中立的な言葉を不用意に使うと、文意が曖昧になってしまいます。例えば、

- ・「やる」「行う」
- ・「使う」「調整する」
- ・「関連する」「関係する」
- ・「〜の影響がある」

といった言葉は、どのような結果をもたらしたかを具体的に表せる言葉に置き換えるか、結果についての情報をその言葉の近くに付記するとよいでしょう。よりふさわしい言葉を探す際には、似た言葉や関連する言葉を調べることができる「類語辞典（シソーラス）」があると便利です。

文章をより明確にするために

　よりよい言葉を探すためには普段から様々な言葉を知っておくことが大事です。単に言葉を知っているというだけでなく、それらの意味がそれぞれどのように異なるのかもあわせて学んでおく必要があります。類語辞典を引いても、並んだ類義語間の違いがわからないようでは使い分けのしようがありません。**言葉の細かな違いを把握するためには、普段から多くの文章に目を通し、それらの言葉がどのように使い分けられているか、実践を通して学ぶのがよい**でしょう。

　本TOPICで示したパターン以外にも、曖昧な表現の仕方は沢山あります。曖昧表現は私達が日常生活を円滑に送る上でしばしば必要となるためか、実に多彩な曖昧表現を私達は使いこなせてしまいます。そのため、明確に表現することを意識して文章に取り組まないと、曖昧表現は雑草のごとく、いた

[※1]　ただし、変化したこと自体が事件である場合は例外です。例えば平均気温が長い間摂氏15度で安定していたのであれば、それが16度に変化しようが14度に変化しようが、事件であることに変わりありません。この場合には「平均気温が変化した」という記述でもよいでしょう。

るところにはびこってしまいます。そんなとき、曖昧さの原因をつい日本語そのものに求めたくなるものですが、これは日本語の問題というよりもそれを使うときの意識の問題です[※2]。「もっと明確に表せるはずではないか？」と、自分の文章を厳しい目で点検することも大切です。「③① 厳しい読み手になろう」も参考にしてください。

次に挙げる文のうち、下線部の表現が曖昧であると感じられたものについては、それを改善してください。不足している情報については、好きなように補って結構です。

(1) 代表的なこどもの遊びには、「かんけり」「おにごっこ」「かくれんぼ」などがある。

(2) 山に遊びに行っても構いませんが、川に近付いてはいけません。

(3) 被験者Aは、用意された二つの鉛筆のうち、長いほうを使用した。

(4) 飛び出た釘にはハンマーを使った。

(5) 我々は毎時00分に状況確認を行った。

(6) 一部の被験者は、標準設定では音をうるさく感じると述べたため、音を調整した。

※2　詳しくは p. 161 の「コラム：日本語は曖昧な言語か」で議論しています。

修飾語と被修飾語の関係を改善する

POINT!

- 修飾語と被修飾語との関係が読みやすさを大きく左右する
- 原則をおさえて修飾関係を改善しよう
- 迷ったら幾通りも書き出してみて、よいのを選ぼう

「青い魚をくわえた猫の子がいる」

解釈の仕方が定まらない文章が誤解を生む

　情報をどのような順序で説明すると読みやすくなるか、これまでにも「2 1 既知の情報から新しい情報へとつなげよう」や「3 4　全体から詳細へ」で扱ってきました。ここではそれらがすでに実践されていることを前提に、言葉の順序をさらに改善することを考えます。手始めに次の例文を見てください。

青い魚をくわえた猫の子がいる。

この文章、少なくとも6通りの解釈の仕方があるのですが、わかりますか？その内訳は本TOPICの冒頭の絵に描いた通りです。こんな単純な文ですら幾通りにも解釈が可能なのですから、さらに複雑な文であれば、書き手の意図と異なった解釈で読まれてしまう危険性はより高まります。

　解釈が幾通りも生まれてしまう原因の一つは、「修飾語」と「被修飾語」との結びつきの不安定さにあります。「**修飾語**」は、その対象となる言葉の性質や状態などの説明を加える語です（ここでは複数の語からなる句も便宜的に「修飾語」と呼びます）。修飾の対象となる語は「**被修飾語**」と呼びます。文中のどの修飾語とどの被修飾語を結びつけて読解するかは、読み手に委ねられています。書き手の意図通りに読解してもらうには、読み手がそれらをどのように結びつけて読もうとするのか、その傾向を理解して、それに合うように言葉を並べることが大事です。

修飾関係の法則

　それでは先ほどの例文を検証してみましょう。この文章の解釈としておそらくもっとも支持を集めるのは、「青い魚」を「子供の猫」がくわえている、という解釈でしょう。これを「青い、魚をくわえた猫の、子」と読もうとする気はあまりしないはずです。ここには「**修飾語は、その後に続くもっとも近い被修飾語候補と結びつけられやすい**」という法則が見えてきます。これを、「**近接法則**」とここでは名付けます。

　近接法則の働きを理解するために、別の例を見てみましょう。ある男についての、以下の二つの記述をまとめて一つの文にすることを考えます。

・若い男がいる
・車に乗った男がいる

　もしこれが「若い車に乗った男がいる」とまとめられていると、その読み始めで近接法則が働くため、読み手は「若い車」と結びつけて読もうとして、

とまどうことになります。

　そこでこの文を「車に乗った若い男がいる」と直してみると、今度はすっきりと読めることがわかります。先ほどの法則を応用して、「若い」を「男」の近くに配置したため、この二つを結びつけることに抵抗を感じなくなったのです。「**強調したい修飾関係では、修飾語と被修飾語とを近くに並べる**」のを原則としましょう。

　さて、先ほどの法則だけではまだ「若い車に乗った男がいる」を攻略しきれていません。「車に乗った」も修飾語ですから、「若い」と「車に乗った」のどちらをより「男」の近くに置くべきかは、この段階ではまだ決めきれません。そこで、今度は「車に乗った」のほうに注目しましょう。この修飾語は二つの文節からなっています。そのため「若い車に乗った」と並べた際には近接法則が働き、「若い車に、乗った」と、二つに引き裂かれてしまいやすいという弱点を抱えています。「**二文節以上の修飾語は分裂して解釈される危険性をもつ**」という法則があるのです。ここでは「**分裂法則**」と呼びます。「青い魚をくわえた猫の子」が、「青い、魚をくわえた猫の、子」と解釈されにくいのも、「魚をくわえた」という句に分裂法則が働いているためです。

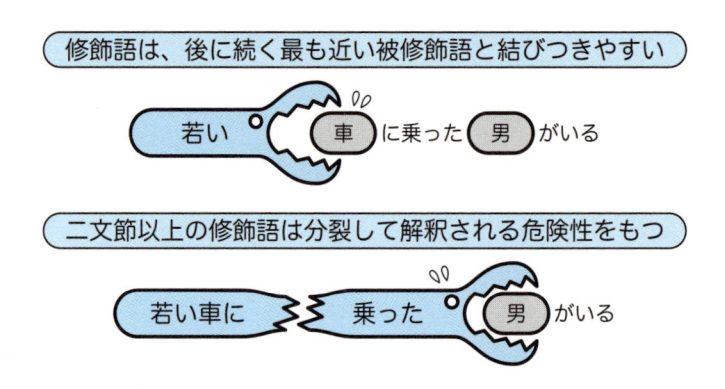

　分裂法則を回避するためには、「**長い修飾語を前に、短い修飾語を後に配置する**」のが効果的です。「魚をくわえた青い猫の子」とすれば、「魚をくわえた」という修飾語の分裂を回避できます。

　しかしこの対策でもうまくいかない場合があります。次の三つの記述を一

つの文にまとめることを考えます。

・赤い家がある
・窓のある家がある
・薄いガラスでできた窓

　これを「薄いガラスでできた窓のある赤い家」とまとめてしまうと、この文は「薄いガラスでできた、窓のある、赤い、家」というように、家がガラスでできているかのようにも読めてしまいます。つまり、文の前方に置かれた長い修飾語も、分裂の対象になる場合があるのです。かといって「赤い薄いガラスでできた窓のある家」と語順を入れ替えても、今度は近接法則が働き、「赤くて薄いガラス」で窓ができているように読めてしまいます。こうなっては語順の入れ換えだけで読みやすくするのは困難です。「薄いガラスでできた窓のある、赤い家」と、読点を補って解釈の余地を狭めましょう。「**語順を入れ替えても改善されない場合は文を区切る**」のが原則です。

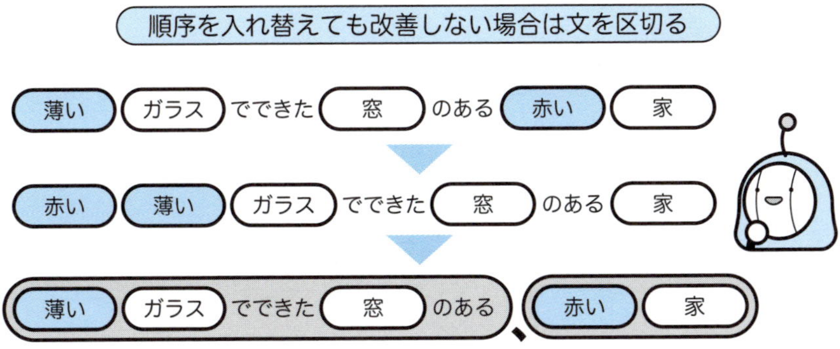

順序を入れ替えても改善しない場合は文を区切る

薄い　ガラス　でできた　窓　のある　赤い　家

赤い　薄い　ガラス　でできた　窓　のある　家

薄い　ガラス　でできた　窓　のある　、赤い　家

　ここまでに挙げた原則をまとめると、以下の通りになります。

- **強調したい修飾関係では、修飾語と被修飾語とを近くに並べる**
- **長い修飾語を前に、短い修飾語を後に配置する**
- **語順を入れ替えても改善されない場合は文を区切る**

さらに細かく分析を続ければ、より細かい原則を導くことはできますが、差し当たってはこの程度で十分でしょう。次の項で述べますが、どの語順がよいのかあれこれ思い悩むよりも、思い切って幾通りか書き出してみて、読み比べて選ぶほうが実践的です。

それでもなお、もう少し確かな指針が欲しいという方には、[本多 1982]の第二章と第三章を読むことをお薦めします。本書とは少し異なる角度から解説がなされており、あわせて読むと理解が深まるでしょう。

悩んだら書いてみよう

前項では修飾関係における原則を三つ示しましたが、まだまだ他にも法則は見つけられるでしょうし、それに対応する原則も考えられるでしょう（演習問題にしておきましたので、挑戦してみてください。次ページ参照）。

しかし、文章を書く際に参照しなければならない原則が増え過ぎると、あちらの原則を通せばこちらの原則が立たず、こちらを立てればあちらが立たずと、一文書くのにもあれやこれやと考えるばかりで一向に筆が進まない、なんてことになりかねません。

そんなときは、思い切って書き出してしまいましょう。語順を入れ替えた文章を幾通りも書いて並べ、それらを読み比べて一番読みやすい、誤解しにくいと思ったものを残せばよいのです。紙と鉛筆で書いていた頃ならいざ知らず、いまはワープロソフト上でコピー＆ペーストしてから書きかえればあっという間に候補を増やせます。その中からよいものを、自分で選んでもいいし、友人や同僚に選んでもらってもいいでしょう。

書き並べてから選ぶ、という作業を繰り返していれば、次第に原則が体に染み込んできて、最適な語順を迷わず選べるようになってきます。それまでは、練習だと思って候補を書き出すことを続けましょう。

次の（1）〜（4）にはそれぞれ、下線で示した共通する被修飾語を含んだ複数の文があります。それらを一つの文にまとめてください。

(1) ・私は<u>思った</u>。
  ・今日はいいことがあるのではないかと<u>思った</u>。

(2) ・彼は<u>走った</u>。
  ・暗い夜道を<u>走った</u>。

(3) ・家の<u>模型がある</u>。
  ・プラスチック製の<u>模型がある</u>。
  ・高価な<u>模型がある</u>。

(4) ・<u>手紙</u>を<u>渡した</u>。
    ・白い封筒に入った<u>手紙</u>
    ・外国からの<u>手紙</u>
  ・<u>兄</u>に<u>渡した</u>。
    ・義理の<u>兄</u>
    ・最近会っていなかった<u>兄</u>
  ・そっと<u>渡した</u>。

主語と述語についての心得

- 主語と述語の距離が離れるとわかりにくい文になりやすい
- 不用意な二重主語文に注意しよう
- 主語と述語とが整合しているか、確認しよう

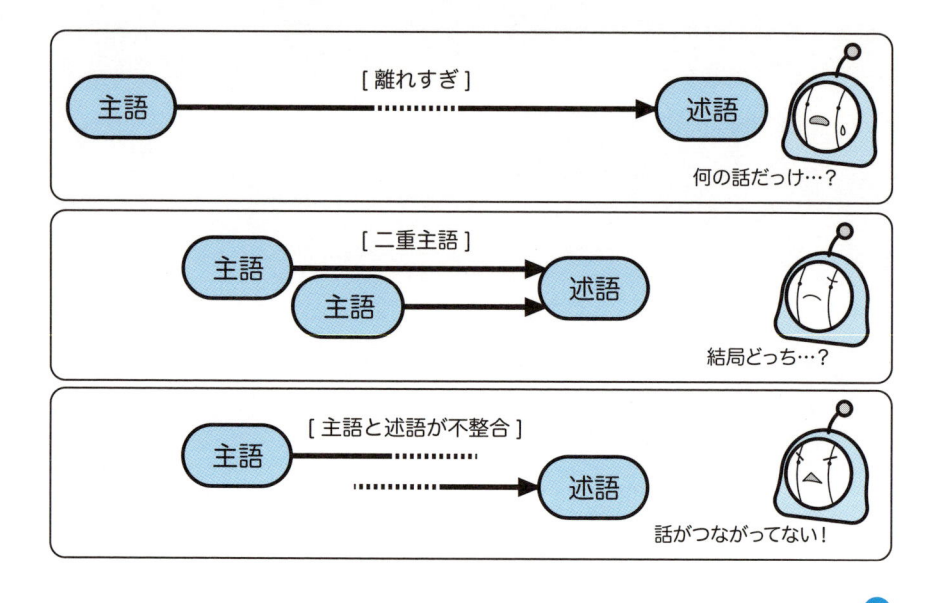

長い文に起きがちな事故

　文は短く簡潔に、というのが文章書きの基本ですが、長い文でないとうまく表現できないこともあるでしょう。しかし、長い文章はどうしても見落しやうっかりミスによって、伝わりにくい文が入り込んでしまうものです。こうして起こる文章の欠陥は、自分で読み返してもなかなか事前には気づけないものが多いのが、また厄介なところです。

　本TOPICでは、長い文でついやってしまいがちなミスについての注意事項

を紹介します。これらのパターンに該当するような箇所が文中にないか、注意深く探してみましょう。

二重主語文に注意

　主語が二つある文を「二重主語文」と呼びます。日本語においては、二重主語文はよく使われる型で、絶対に避けなければいけないようなものではありません。有名な例に「象は鼻が長い」がありますが、ごく普通の文として受け止めることができます。

　とはいうものの、文章を書き慣れない人が不注意で書いてしまった二重主語文では、二つある主語のどちらが本来の主体なのかがはっきりしないことがよくあります。次の文を見てください。

四国支社は効率の改善目標は達成された。

　さっと読んで意味が読み取れない、という程ではないにしても、どうにもぎこちない二重主語文になってしまっています。

　この文を書いた人の気持ちを推測するに、まず主語を文頭に置こうという意識があって「は」と書き、その後に「効率の改善目標は達成された」という情報を書こうと思いつき、それをそのまま書いてしまったのでしょう。

　また、この文を声に出して読むときであれば、「四国支社は、効率の改善目標は達成された。」というように、間を置いたり、助詞の「は」を強調したりして読むことで、その意図するところは十分に伝えられます。書き上がった文章を読み返す際に、無意識にそうした技術を使って読んだため、読みにくさに気づかなかったのかもしれません。

　しかし**文字のつながりとして記された文章では、間を置いたり強調したりすることで意味を補うことはできません。純粋な文字情報のみで意味を伝えるよう工夫するべきです。**

　この文の場合は、二重主語文さえ解消してしまえば問題は解決します。「四

国支社」のほうを記述の中心に据えるなら、次のような文になります。

四国支社は効率の改善目標を達成した。

　記述の中心をどこに定めるかさえはっきりさせれば、不用意な二重主語文の改善は簡単にできるでしょう。

主語と述語の不整合を避ける

　不用意な二重主語文と並んでよく見かけるのが、主語と述語とが整合していない文章です。具体例を見てみましょう。

電子書籍の利点は、マークした文章をオンラインで取り出せるため後で資料として使うのに便利である。

　この文の主語は「利点は」、述語は「便利である」で、これでは両者はつながりません。おそらくはこの文も、文章を書いているうちに文頭にどのような主語を据えたのかを忘れ、便利であることを強調しようとして「便利である」で最後をまとめてしまってできたものでしょう。
　主語と述語を整合させるには、

・電子書籍の利点は—便利なことである
・電子書籍は—便利である

のように主語と述語のどちらかを修正する必要があります。主語を修正した場合、先ほどの文は次のようになります。

電子書籍はマークした文章をオンラインで取り出せるため、後で資料として使うのに便利である。

　自分の文章にこのような不整合が紛れ込んでいないかどうかを点検するには、主語と述語だけ取り出して、つなげてみましょう。他の補足情報を取り除いて主語と述語だけにしても文として成立していれば、つまり主語と述語が整合していれば、その文は問題ありません。

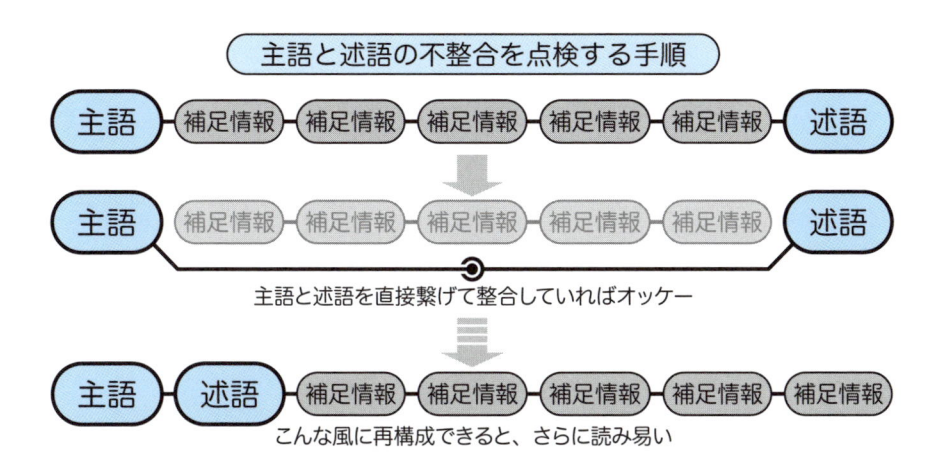

二重主語文および主語述語間の不整合は、一文が長いときに書いてしまいがちです。長文では主語と述語との間が離れてしまっているせいで、読み返したときに問題があることに気づきにくいという事情も働いているようです。これを解決するよい方法は、文中の主語と述語の距離をなるべく近付けて書くことです。主語と述語が近くに並んだ文章は、読み手にとってもその内容を汲み取りやすく、理解の助けになります。「③⑩　修飾語と被修飾語の関係を改善する」も参考にしてください。

 **演習**

以下の文を改善してください。

(1) 将棋は、その起源はインドのチャトランガというゲームが基になっている。

(2) 本システムは先行研究に比べて検索にかかる時間は20％の高速化が達成された。

(3) このような卑劣な行為はどれほど犯人に同情的な立場に立とうと、憎しみを覚える。

第4章

ライティングの実技

いよいよ最後となるこの章には、文章を実際に書き進める上で役立つ実践的ノウハウを集めてあります。ぜひ手を動かしながら読み進めてください。

また、理工系のレポートや論文を書く上で必須となるポイントも解説しています。細かい話も多いのですが、これらを押さえておくと文章の説得力が増します。細部もおろそかにせず、完成度の高い文章を目指しましょう。

とにかく書いてみる

POINT!

- とにかく書き出そう。書いているうちに書けるようになる
- 書いてみれば、なにが足りないか、なにを書きたいかがわかってくる
- 余裕をもって書こう。締切間際になって書き始めないこと！

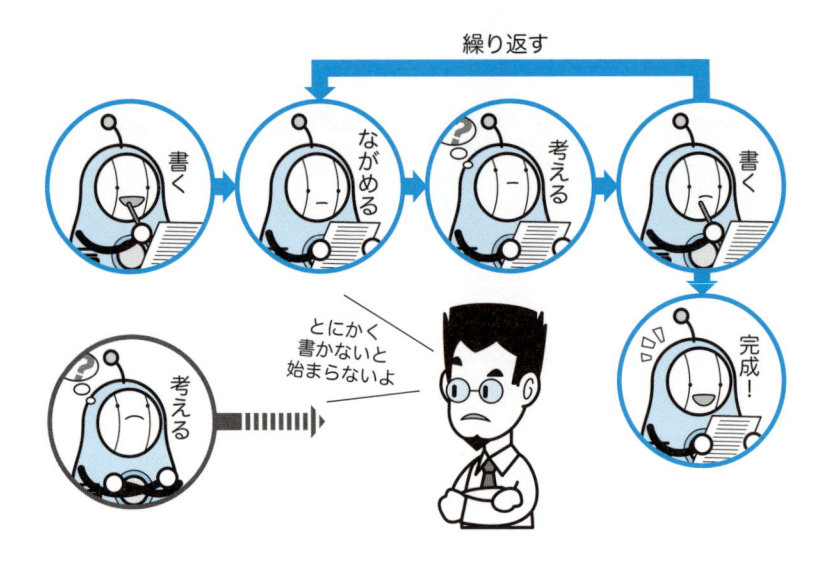

書けないときは、まずは書いてみよう

　主題文は書けた、三部構成にすることも覚えた、さあ後は本文を書くだけだ、と意気込んではみたもののどう書いていいか決心がつかず、いたずらに時間が過ぎていく……「うまく文章が書けない」という悩みをもつ人の多くは、こんな感じで書く前から悩みを抱えているようです。

学生の文章指導を長く続けていると、こうした「文章が書けない人」はある弱点を共通してもっていることに気がつきます。それは、「そもそもまず書いていない」ということです。いやいや、うまく書きたいのに書けないからまだ書いていないのだ、と思われるかもしれませんが、**まず書く、ということはうまく書くことよりもはるかに大事なのです。**

それはなぜか？　一つには、いきなりよい文章を書くのはとても難しいということがまず挙げられます。頭の中だけで言葉を並べ、語順を入れ替え、より伝わりやすい表現を探すのは、簡単なことではありません。それよりも、とにかく書き出して頭の中の考えを目に見える形にしてそれを手作業で改善するほうが、はるかにやりやすいのです。暗算よりも筆算のほうが楽なのと同じようなものです。

もう一つには、自分がなにを書こうとしているのかを、初めから自分で把握できているとは限らない、ということが挙げられます。頭の中で構成を漠然と考えているとき、私達は自分の考えがまとまっているとつい思いがちです。しかしそれを文章に書き出してみると、自分でも驚くほどまとまりのない、曖昧な考えであったことに気づくことが多いのです。頭の中だけで考え続けてしまうと、そこに気づくのが遅くなってしまいます。文章という、客観的に眺められる形に早く書き出してしまえば、自分の考えの問題点や抜け、時にはとても優れた部分に、すぐに気づくことができますし、その改善に即座に取りかかることもできます。結果として、目指していたよい文章により早く辿り着けることでしょう。

とにかく一度書いてみて、それを客観的に眺めてみる。それが、文章が書けないときに即座に実践すべき鉄則です。

書けるところから書く

よしそれではとにかく書いてみよう、と決意したとしても、それでもとっつきにくく感じるのもよくあることです。皆さんもこれまでに、文書全体の書き出しからいきなり手が止まってしまった経験があるでしょう。しかし本書をここまで読んできた皆さんなら、そのような障害はもう避けることができます。なぜなら、全体の構成をおおまかに決めているので、**書けるところ**

から書くことができるからです。

　本書の第2章「構成を練る」では、文章全体をパーツの組み合わせで構成する方法を説明しています。この方法に基づけば、書きやすいパーツから手をつけることができます。例えば「導入・本論・展開」の三部構成では、自分で実際に調べたり体験したりしたことを基にした「本論」がもっとも書きやすい部分です。本論もまた、いくつものパーツから構成できるのは、「②③三部構成のパーツを組み合わせる」「②⑤　本論は『IMR』」で説明した通りです。小さなパーツまで分解してしまえば、その中身を書く抵抗も小さくなります。

　もっとも、文章の構成を決める段階で、今度はなかなか構成が決められず先に進めない、ということも起きるかもしれません。そんなときも、著者からのアドバイスは同じです。「まずは構成を決めてみよう」「決められるところから決めよう」です。

　さらに、「書けるところから書く」の原則は、パーツの中身を実際に書いていく段階でも通用します。「②⑧　パラグラフ・ライティング」で示したように、パーツの中身は段落（パラグラフ）で構成します。各段落は最初に「トピックセンテンス」と呼ばれる、その段落の内容を代表する文から始めるのが基本です。トピックセンテンスは書くのが簡単な一方で、その後に続く、ト

ピックセンテンスを支える内容を書くときに悩むことはよくあります。具体例を考えたり参考文献を示したりしようとすると、本来書きたかった内容から考えが脇道にそれてしまうため、すんなりと言葉が出てこないことがあるのです。うっかりそこで考え込んでしまうと、次の段落のトピックセンテンスになにを書こうとしていたか、忘れてしまうことすらあります。

それを避けるためには、トピックセンテンスだけを先に書いてしまうのがよいでしょう。補足情報はすぐに思いつかなければ後回しにしてしまって構いません。まずは頭に浮かんでいる主要な筋を書き出すことを優先しましょう。このとき便利なのは、トピックセンテンスを箇条書きで書くというやり方です。この方法については、「④②　『とにかく書く』ための箇条書き活用法」で詳しく説明します。

雑でもいいから書く

「とにかく書く」ときは、ちょっとした誤字や書き間違い、用語の不統一などの細かいことは気にせずに、ひたすら書き続けましょう。不思議なもので、とにかく書いているとだんだん脂がのってきて、書くべきことが次から次へと頭に思い浮かび、文章を書く手が追いつかなくなるほどです。しかし、誤字を直そうと辞書を引いたり、それまで書いてきた文章を読み返したりすると、頭から書きたいことが消え失せ、手が止まってしまいかねません。電話に出たりSNSをチェックしたりするのは、なおのこと禁物です。

さらには、調子よく書けているときは、「読み手に伝わる文章になっているかどうか」という、本書の大部分で大事にせよと主張してきたことすらも、いったん忘れてしまっても構いません。**読み手のことを考えるのは、文章を書く前の構成を決めるときと、とにかく書き上げた後でその文章を伝わる文章へと直すときで十分です。**調子がいいときは、頭の中にあることをすべて書き出すことに集中しましょう。小説家のスティーブン・キングは、最初の草稿を書くときは「ドアを閉めて」書け、とアドバイスしています (King 2000)。関係ないことはすべて頭から閉め出し、ドアの内側には何者の侵入も許してはいけません[※1]。

一部のワープロソフトの機能には、文章を書いている最中に、言いまわし

の不備や誤字の修正を促すメッセージを表示するものがありますが、それらを逐一直していると注意が逸らされてしまうこともありますので、草稿を書く際にはこうした機能もオフにしたほうがよいでしょう。ドアを閉めるときは、徹底的に閉めるべきです。

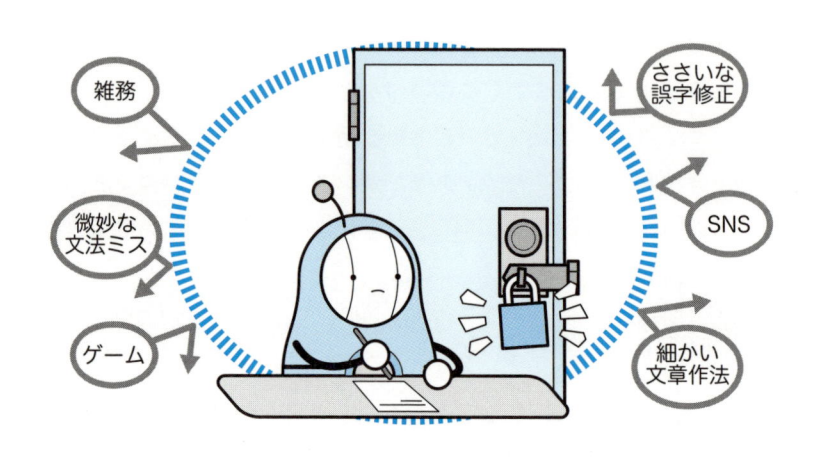

時間に余裕のあるうちに書き出そう

　ここまでの説明を要約すると、「雑でもいいからとにかく書け」ということになりますが、このアドバイスは、締切間際になって慌てて闇雲に書き殴った文章を正当化するものではありません。**「雑でもいいからとにかく書け」は、たっぷりと時間に余裕のあるうちに文章を書き始めることを推奨する言葉です。**ここを間違えないでください。

　大事なことなので繰り返しますが、文章を書く際は、できるだけ早く手を着けましょう。というのも、本TOPICで説明した原則はいずれも、「後で直す」ことを大前提としているからです。後のことを考えずに雑に書いた文章をそのまま直さずに人に見せることは、到底できません。最低でも、二回は直す時間を確保するべきです。

※1　キングは反対に、草稿を手直しするときは「ドアを開けて」書けともアドバイスしています。「③①　厳しい読み手になろう」で説明したように、冷徹な読み手の立場になって読み返し、外からの批判を受け入れることが草稿以降を書くときには大事だということです。

もし時間的余裕がないと、ますます手が止まってしまうのが世の常です。というのも、後で直す時間がないことを意識してしまうと、直さなくてもいいように最初からよい文章を書こうと考えてしまいます。しかし、ただでさえよい文章を書くのは難しいのに余裕がないものだから余計に書く手が止まってしまい、ますます時間が失われてしまうという悪循環を引き起こすからです。雑でもいいからとにかく書こう、という意識を保ち続けるためにはむしろ時間の余裕が必要です。

● 書く習慣をつける

　「とにかく書いてみる」ことの意義を学んだら、後は実践するだけです。ポール・シルヴィアの『できる研究者の論文生産術：どうすれば「たくさん」書けるのか』（Silvia 2007）は、毎日決まった時間を執筆に充て、習慣づけることの重要性を説いています。「書けるところから書く」のは、そんな習慣を継続するにはもってこいの方法です。たとえ忙しくてまとまった時間が確保できない日があったとしても、行き帰りの電車の中で・御飯を食べながら・行列に並んでいるとき、メモ帳やスマートフォンがあればちょっとした空き時間にも文章を書くことはできるはずです。雑でもいいのです。とにかく書き続けましょう。

いつでもどこでも書く習慣

通勤・通学途上

食事中

行列で

出張の移動中

 「とにかく書く」ための 箇条書き活用法

POINT!

- 「とにかく書く」ための道具として、箇条書きを活用しよう
- 各項目は、トピックセンテンスに使えるくらい主張を明確に
- 箇条書きは頻繁に修正する。パソコンを使って書くと便利

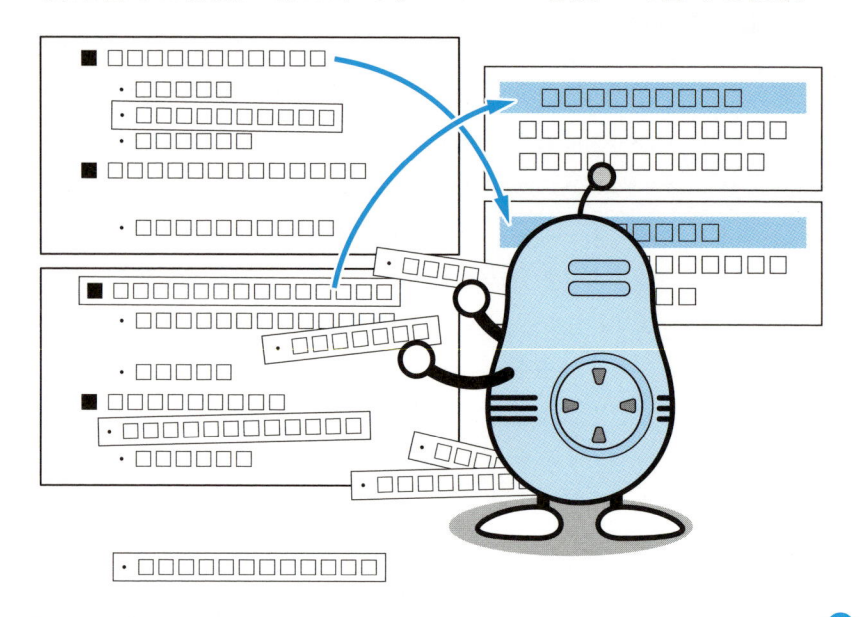

箇条書きから始めよう

④①では、よい文章をいきなり書くのは難しいことであり、雑でもいいから書けるところから書き出したほうがよい、ということを主張しました。これを実践する上でお薦めしたいのが、**箇条書きの活用です。**

箇条書きとは、書く内容を複数の項目に分け、わかりやすいよう先頭に印をつけて書き並べたものです。一般には、共通の性質をもった項目を並列に書き並べるためのものですが、ここではこれを文章の要点のみを書き並べた、

いわば文章の「骨格」を書き表すのに使います。以下に、骨格を箇条書きで表すためのポイントを、箇条書きで説明します。

- 箇条書きの各項目は1〜2行で簡潔に書く
  - まとまった文章でなくてもよい
- 項目の内容を補足する内容は副項目として書く
  - ちょうどこの項目のように
  - 副項目の下にさらに副項目を書いてもよい
    - あまり段数を深くし過ぎると構造がわかりにくくなるので注意
    - 副項目にするかどうか悩んだら、副項目にせずに並べて書くほうがよい
    - 構成は後で調整する
- 骨格が完成したら、それに肉付けをしていって文章として書き起こす

　どうでしょう。箇条書きをざっと眺めただけでも、ここで著者が主張したかったことの大部分は伝わると思います。箇条書きがしっかりと書けていると、そこに肉付けして文章を書くのはさほど苦にはなりません。

　箇条書きの利点は他にも、次のようなことが挙げられます。

・後で編集するのが楽なため、思いついた順に手早く書くことに抵抗がない
・全体を俯瞰しやすいため、文章構造の骨格を確認しやすい
・箇条書きで書いた文は、後で捨てることになっても心理的抵抗が低い

箇条書きの実践

　それでは文章の骨格を箇条書きで書く際に役立つ、実践的な手法について説明していきましょう。

パソコンを使う

　箇条書きを書くときは、手書きよりもパソコンを使って書くほうがはかど

ります。箇条書きに後から項目を足したり、順番を入れ替えるなどの作業を頻繁に行うからです。使用するソフトはシンプルなテキストエディタで十分ですが、箇条書き入力や編集を支援する機能があると便利です。

● 始めのうちは項目の編集にはこだわらず、書き並べることを優先する

「④① とにかく書いてみる」でも強調している通り、まずは頭の中にあることを書き出すことを優先します。主項目にするか副項目にするかといったことは、始めのうちは考えないほうがよいでしょう。構成するのは、一通り項目を書き出し終えてからです。

● 構成を練る

文章がより伝わりやすくなるよう、項目間の順番を入れ替えたり、主・副の関係をつけたりして、文章の構成を形作りましょう。また、その過程で説明が不足していると感じた箇所には項目を加えていきます。

● 接続詞を補う

構成を練る過程で並行して、必要に応じて各項目の先頭に接続詞を補っていきます。接続詞があると、項目間の論理構造が明確になります。特に一段目に並んだ主項目には、積極的に接続詞を加えましょう。「②⑦ 接続詞が文脈を作る」も参考にしてください。

● 箇条書きは章ごと・節ごとに分ける

骨格があまり長くなると一覧性が低くなります。ざっと眺めて全貌がわからないようでは、骨格の意味をなしません。長くなってきたら一度整理した上で、章や節として分割するのがよいでしょう。

● パラグラフ・ライティングを意識する

骨格の主項目は、そのままトピックセンテンスとして段落の冒頭に据えることになります。また、主項目にぶらさがった副項目は、トピックセンテンスを支える補足情報として段落を構成します。ですので、主項目を並べて読

んだときにそこに文脈が形成されているかどうかが大事なポイントになります。並べて読んで話がつながらないと感じたら、構成を見直しましょう。「②⑧　パラグラフ・ライティング」も参考にしてください。

● 納得がいくまで箇条書きのまま進める

だんだんと骨格ができてくると、特に締切が近付いていると、すぐにでも本文に着手したくなりますが、骨格の検討が不十分だと本文を書き進めていくうちに「あれ？」と疑問に思うことが出てきて、手戻りが生じます。反対に骨格がしっかりしていれば、文章に書き起こすのはほとんど機械的にできてしまうので、面倒が生じません。

骨格から文章を書き起こす

骨格が完成したら、そこに肉付けしていき、文章として書き起こしていきます。先に書いたように、基本的には主項目一つが段落一つに対応します。主項目として書いた文をトピックセンテンスに据え、副項目をそこに続く文章として書いていきます。

肉付けの過程で、骨格を書いているときには気づかなかった論理の穴に気づくのも珍しいことではありません。そんなときはまた箇条書きに戻って、構成を練り直します。また、文章としての読みやすさを向上させるために、項目を入れ替えたほうがいい場合もあります。常に読み手の立場に気を配りながら肉付け作業を進めましょう。

演習

❶前TOPIC「④①　とにかく書いてみる」の最初で述べた「書けないときは、まずは書いてみよう」の骨格を、本文から推測して箇条書きにしてください。

❷次に、その骨格を文章に書き起こしてみてください。もちろん、元の文章を見てはいけません。

4 3 何度も書く

- よい文章を書くには「書き直し」をためらわないこと
- 難しいのは、一番よい文を選ぶこと。日頃から読む目を鍛えておこう
- 最後には文章をギュッと絞り込む。5%は削ろう

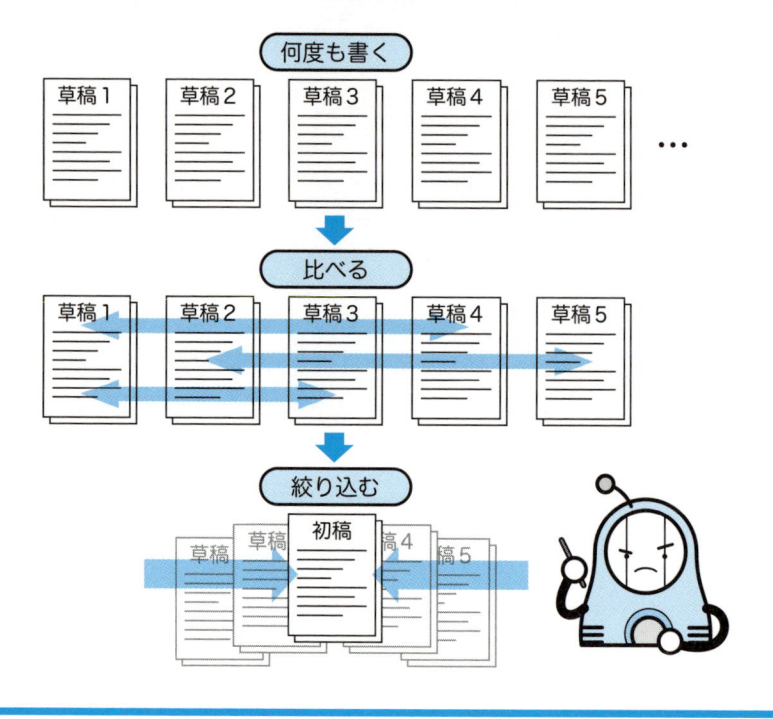

文章書きに王道なし

　「書きたいけど書けない」という状態を脱することができたら、後は「より伝わりやすい文章を書く」ことが目標となります。そもそも書き出せない状態から比べれば大きな前進は果たしましたが、「より伝わりやすい文章を書

く」はなお高い目標です。正直なところ、この本の著者にとってもそれは簡単なことではなく、日々苦しみながら目標に取り組んでいます。

この目標に辿り着く方法は、著者はただ一つ、「**何度も書く**」という方法しか知りません。おそらくこれ以外に方法はないでしょう。よい文章を書くには、「よい文章を書けた」と思えるまで何度も書いては捨て、直しては捨て、を続けるしかありません。

というわけで、「よい文章をスラスラと書く秘訣」はあきらめていただくしかないのですが、その代わりにこの「何度も書く」を少しだけ効率よく行うやり方を、本TOPICでは紹介したいと思います。

ただひたすら書き直す

曲がりなりにも最初から最後まで一通り書き終えたものを、ここでは「草稿（一次草稿）」と呼びます。どこまで書けていれば「草稿」と呼んでよいかは人によって様々ですが、書くべきことは全部書いた、という状態をまずは想定してください。

その草稿を書き終えたら次にすべきことは、「③① 厳しい読み手になろう」に書いたように、いったん草稿を離れ、少し時間を空けることです。草稿を読み返すときに必要となる客観的な目を取り戻すためには、草稿に関する一切を頭の中から追い出す必要があります。もしあなたが草稿を指導者に渡して添削を受けるのであれば、草稿は指導者に任せてしまって、すっかり忘れてしまいましょう。祝杯をあげてから、全力で遊ぶなりまったく違う仕事をするなりしてください。

そうして十分に時間を空けたら、草稿を読み返し、手を入れていきます。一次草稿に手を入れたものを「二次草稿」と呼ぶことにします。もちろん、二次草稿で満足がいかなければ、三次四次と、草稿を書くことを繰り返します。そのたびに、自分で読み返したり、人に見てもらったりしながら、修正を繰り返していきます。

なんだか先の見えない作業のようですが、かの文豪・ヘミングウェイは「文章術なんてものはただ一つ、『書き直すこと』だけだ。("The only kind of writing is rewriting.")」と述べたと言われています。文を書くことを極めた

文豪ですらそうなのですから、私達がやるべきことも同じです。粛々と、書き直し続けることしかありません。

並べて比べて選べ

　草稿に手を入れているとき、出来の悪い文を見つけたらそれを書き直すのですが、書き直し方にコツがあります。それは、その出来の悪い文を上書きしながら直すのではなく、その文の下に新たに文を書き並べ、両方を読み比べることです。読み手の立場になって二つの文を比べて、よいと思ったほうを残しましょう。上書きしたり、悪いほうの文を消してから書いたりすると、書き上げた文の良し悪しを判断する基準が草稿に残っておらず、あやふやな記憶に頼りながらそれを判断することになってしまいます。元の文が目に見える形で残っていれば、それを判断基準とすることができます。

本項の「何度も書く・比べる・絞り込む」というのは、デザインのプロセスにも似ています。
アタリ線を何本も引いた中から最終的なラインを決めたり、
たくさんスケッチを描いた中からベストのデザインを残したりします。
（図解担当：園山）

　直し方は一通りとは限りません。いろんな直し方があることに気づいたら、それらをすべて書き並べて見比べましょう。この作業は草稿の修正中は何度も行いますので、文字入力やコピー＆ペースト操作が素早くできる環境で作業することを強くお薦めします。ソフトのショートカットキー操作にも習熟しておくと、こうした作業を面倒に感じなくなります。

　むしろ本当に大変なのは、書き並べた候補の中からもっともよいものをい

かに選ぶかです。あるいは、よい文が候補の中になかったとき、いったいどこに問題があるのか、その見極めも難しいところです。問題点がわからないと、どう直していいかもわからなくなります。

第3章では文の良し悪しについての様々な判断基準を示しています。それらを読み返しながら、いずれがよりよい文なのか、検討してください。

 ## 最後は文章を絞り込む

草稿の改訂が進んで、不足していた情報をしっかりと補い、細部の表現の改善も完了したら、いよいよ修正の最終段階に入ります。

最後の段階でやらなければならないのは、文言を削って文章を絞り込んでいくことです。というのも、ここまでの過程で欠けていた情報をあちこちで補ううちに、余分な情報をも抱え込んでしまっていたり、不要な強調表現が紛れ込んでいたりするため、文章が冗長なものになっているからです。

削る量の目安は、文字数で5%というのが著者の経験則です。2000字の文章なら100字を削る計算です。逆に言えば、**充実した文書を書くためには、本来の目標文字数に、削る分を上乗せした文字数を草稿の段階で書くことを目安とすべきです。**上限2万字の文書を書くつもりであれば、2万1千字くらいを最初の目標とするとよいでしょう。

削除すべき対象には以下のようなものがあります。

・余分な読点
・大袈裟な表現や情報量に乏しい記述
・不要な修飾語[1]
・先行研究や参考文献で詳しく記述されている内容
・関連性の低い例や先行研究への言及

最後の二つを少し補足しましょう。先行研究や参考文献の内容については、主要な部分は自分の文書でも言及する必要があります。しかし、詳しくは元

---

[1]　p.79の「コラム：形容詞を削れ」を参照

の文献を読めばわかることですから、長々と書くのは無意味です。また、説得力を増そうとするあまり、例や先行研究を多く記し過ぎている場合があります。主張を伝えるのに必要なものだけ残しましょう。

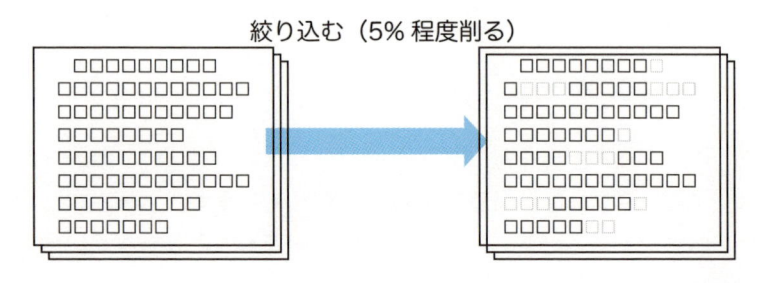

絞り込む（5% 程度削る）

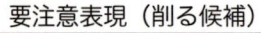

要注意表現（削る候補）

・非常に…　・言うまでもない…　・過言ではない
・だいたい…　・と考えられる…

演習

　以下に、下線で示した共通する被修飾語を含んだ複数の文があります。それらを一つの文にまとめてください。その際、複数の解答候補を書き並べた上で判断し、最良のものを選んでください。

・福引券をあげた。
　・3枚の福引券
　・商店街で買い物をして貰った福引券
・子供にあげた。
　・5歳くらいの子供
　・うらやましそうに見ていた子供
・こっそりあげた。

日本語は曖昧な言語か

　日本語で明瞭な文章を書くことを説く人々の中には、日本語という言語そのものが非論理的な文章を許してしまう曖昧なものであるという論をもつ人が昔から少なからずいます[※1]。日本語の構造は、英語をはじめとする外国語に比べると曖昧である、という意見は今でも根強くあります。

　しかし、日本語の不明瞭さの少なくともある部分は、日本語に元から備わっていたものではないようです。小説家の三島由紀夫は著書『文章読本』でこう書いています。

「われわれは翻訳文の、一つの名詞に対して多数の形容詞と形容句を伴う文体に、だんだんなれてきました」（三島 1959）

　三島の説によれば、修飾語がずらずらと並んだ挙句、最後にようやく主語となる名詞が登場するような文章は、欧文に影響されて生まれた新しい表現であるということになります。

　また、英語でも曖昧な文章を書くのは難しいことではありません。話し言葉においては主語のない文章も珍しくありませんし、長々と理由を述べてからやっと主題の主語と動詞が登場する文章も稀なものではありません。加えて、英語で書かれた文章術の指南書を読んでみると、「明確に書け」という教えはくどいほど何度も書かれています[※2]。何度も強調されているということは、ややもすると不明確でゆるんだ文章を書いてしまうかもしれない、という恐れが意識の根底にあるはずです。

　もし英語で書かれた文章を明確だと感じる機会が日本語と比べて多いのであれば、それはつまり、英語圏には明確な文章を書こうという意気込みをもつ人が多く、またそのための訓練を多くの人が受けている、ということに他ならないのではないでしょうか。

　翻って日本の事情を考えると、明確な文章を書こうという普段からの努力が私達には乏しいように思えます。もし私達の周囲にゆるんだ日本語が多いとすれば、それは日本語の問題である以前に、日本語を使う私達の問題であると考えるべきです。

※1　［志賀 1946］［清水 1959］
※2　［Strunk & White 1999］p.79,［Booth 2016］

4
ライティングの実技

TOPIC 4-4 理工系論文の書き方

POINT!

- 理工系論文は「定石」にのっとって書く
- 論文 = 序論・背景（導入）+ IMR（本論）+ 議論・結論（展開）
- 定石は分野によって少しずつ異なるので、手本となる論文や
  ガイドラインを参考にすること

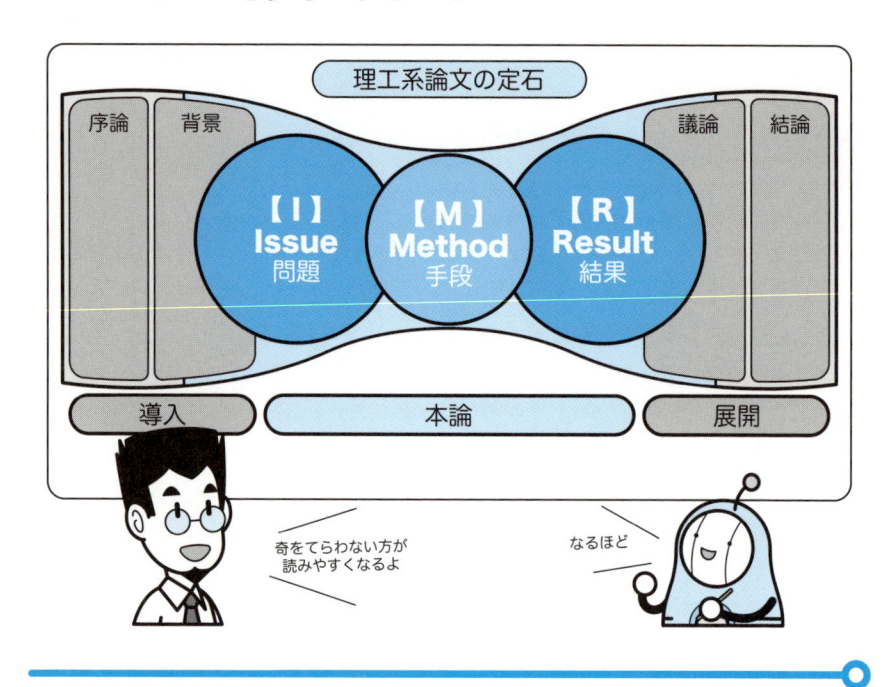

理工系論文の定石

| 序論 | 背景 | 【I】Issue 問題 | 【M】Method 手段 | 【R】Result 結果 | 議論 | 結論 |

導入 / 本論 / 展開

奇をてらわない方が
読みやすくなるよ

なるほど

理工系論文は型が決まっている

　本TOPICでは、扱う対象を理工系の論文のうち、論文誌論文や学会発表論文など、数ページ〜十数ページ程度のものに絞って、具体的な章構成にまで踏み込んで詳しく説明していきます。理工系の論文を書く機会があったら、ここを読み通して攻略法を身につけてください。なお著者の狙いとしては、本

TOPICは理工系の論文全般に適用できるような原則を述べているつもりですが、対象を理論系と実験系とに二分するならば、本TOPICの解説は実験系の内容にやや偏っています。実際にどのような構成で論文を執筆するかについては、指導教員ともよく相談してください。

さて、理工系論文の場合、その書き方にはおおむね定石、すなわち多くの論文に共通する書き方があります。論文の執筆に慣れていない間は、この定石にのっとって書きましょう。定石通りに書かれた論文は読み手にとっても素早く目を通すことができるため、ありがたいものとなります。

型通りに書くのはつまらなく感じるかもしれませんが、独創性を発揮するのは研究内容のほうで十分です。文章そのものはオーソドックスに書いて、より広範な読者に読みやすい論文を届けることを心がけましょう。

論文 ＝ 序論・背景 ＋ IMR ＋ 議論・結論

まずは論文全体の構成について説明します。

全体としてはすでに説明しているように、「導入・本論・展開」の三部構成をとりますが、理工系論文の定石では、各部はさらに以下のように構成します。

・導入：いわゆる「序論」と「背景」。どのような研究なのか、どのような問題意識で始められたのか、どのような結論が得られたのか。
・本論：研究についての具体的な詳細。IMR（問題・手段・結果）。
・展開：いわゆる「議論」と「結論」。結果からどのような議論をしうるか、どのような結論が得られたか。

この構成を公式めいたものにまとめると、次のようになります。

> 論文 ＝ 序論・背景 ＋ IMR ＋ 議論・結論

それでは各部について詳しく見ていきましょう。

⚪ 序論

　序論、すなわち導入部の役割をおさらいすると、

・その論文に興味をもってもらうよう読み手を誘う
・その論文を読むための基本的な背景知識を提供する

の二つになります。論文のスタイルにもよりますが、それぞれを別の章に割り当てることもあります。その場合、前者を「序論（Introduction）」、後者を「背景（Background）」とします[1]。

　前者で提供すべき情報は、**この論文が、なにを背景としてどのような問題意識をもって実施された研究についてのものなのか、またどのような経過を辿ってどのような結論が得られたか、その概要です**。特に大事なのは、書き手がもつ問題意識について、読み手にも「なるほどこれは大事な研究だな、面白そうだな」と共感してもらうことです。

　そのためには、まず書き手と読み手とが共有している背景をごく簡単に提示します。

　次にそこから書き手の問題意識がある地点まで読み手を誘導する、最低限の背景情報を提供します。これについては「③⑦　背景説明は最短経路に絞る」を参照してください。

　続けて問題・手段・結果、すなわち IMR の概要を示した後に、結論を一文にまとめたもので序論を締めくくります。結果と結論ははっきりと書き切ってください。よく見かけるダメな序論に、最後を「本論文では〜について述べた後、結論をまとめる。」とぼかしているものがありますが、これはやめましょう。読み手になんの情報も与えていません[2]。

　ところでここまでの説明を読み返すと「なんだ、序論って論文概要じゃな

---

[1]　論文のスタイルによっては、前者を「背景」、後者を「関連研究（Related work）」とするものもあります。分野によって推奨される書き方が異なりますので、指導教員と相談して決めましょう。

[2]　「やめましょう」と言えば、10ページ程度の論文の序論で「第2章では○○を示し、第3章では△△について述べる。第4章では…」と、各章に書いてあることをそれぞれ1〜2語で示したものもよく見かけますが、これもぜひやめていただきたい。何十ページもある論文ならいざしらず、短い論文には不要な情報です。

いか」と思うかもしれません。論文概要の役割も序論とほぼ同じですので、その内容は似たものになります。ただ、論文概要は字数制限が厳しいため、内容の徹底した絞り込みが必要な一方で、序論は論文全体の1割程度の長さを使って説明することができるという違いがあります。なお、論文概要の書き方については「④⑤　論文概要は『起承転解結』」を参照してください。

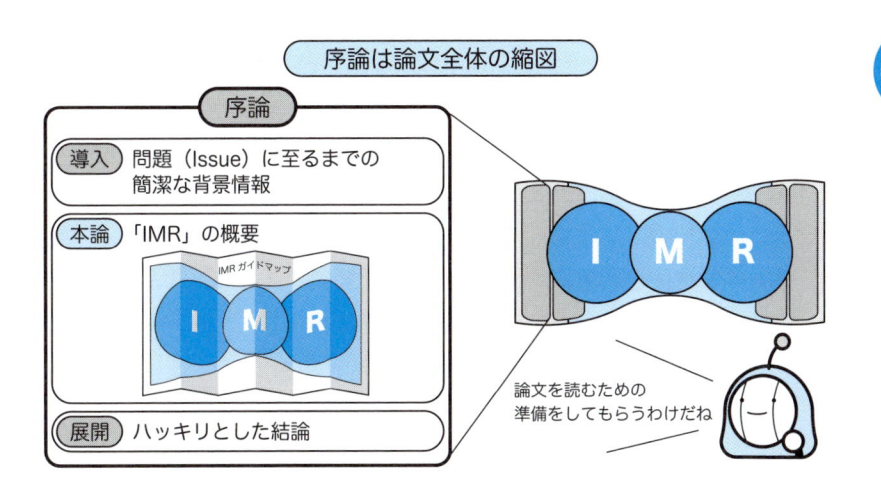

○ 背景

　さて、**序論では説明しきれない背景知識を読み手に提供する必要がある場合には、「背景」の章を設けます。**序論に収めた背景情報は問題を説明するまでの最短経路に関わるものに絞りましたが、背景の章ではもう少し幅を広げて説明することができます。自分の研究と同じ問題を扱ったものを取り上げることは自分の研究の立場を明確に表明するのに役立ちますし、それらの間でどのような論争が行われてきたかを伝えておくと、書き手がこれからどのような議論を挑もうとしているのかの理解を促します。また論拠として用いた文献を示すことで、読み手が論文の信頼性を判断するのに有用な情報を提供することができます。

　ここで書き手として心がけて欲しいのは、そうした背景情報を自分はどう捉えているのか、自分の言葉で示すことです。反対にやってはいけないのは、

文献情報だけ示して「後はわかるでしょ」と読み手にすべて委ねてしまうことです。背景情報と論文における主張とを書き手はどう結びつけて考えているのかが文面からわからないと、読み手はそれを推測しなければなりません。書き手は、自分の研究を読み手に手早く理解してもらうことを目指すなら、背景情報を整理し、噛み砕いて読み手に伝える責務があります。これについては「④⑥　引用の仕方」も参照してください。

⭕ 本論（IMR）

理工系の文書で本論をどのように構成すべきかについては、すでに「②⑤　本論は『IMR』」で説明しています。おさらいすると、

- 問題（Issue）：解決しようと取り組んだ問題
- 手段（Method）：その問題を解決するため実施したこと
- 結果（Result）：その手段を実行して得られた結果

の三つを読み手に伝えることが、本論の役割となります。

一本の論文では、ただ一つだけの問題を掲げ、またただ一つだけの結果を導くことが原則です。もし複数の問題・複数の結果がある場合には、別々の論文として書くか、複数の問題を統合した問題、および複数の結果を統合した結果、を主張することを検討するとよいでしょう。また、修士論文や博士論文といった学位論文の場合は複数の問題をまとめて扱うのが普通ですが、やはりそれらを統合した問題を主張することが必要です。

IMRのそれぞれをどのように準備すべきかについては、「②⑤　本論は『IMR』」で詳しく説明しています。問題と結果を明確化させてから手段についての文章を書くべきこと、結果には書き手の判断も含めることなど、大事なことが書いてありますので参考にしてください。

⭕ 議論と結論

展開に相当するこの章には「議論」と「結論」の二つの章が含まれます。**議論の章では、本論中で簡単には下せなかった結果に対する判断を、仮想**

的な論者との議論を経て導くことを目指します。 書き手の主張に対して肯定的な立場も否定的な立場も考えられるような結果が得られた場合には、書き手は肯定側と否定側の双方の役割を一人二役で演じ、それぞれの陣営が持ち出すであろう論拠を示しながら議論を深めていきます。

この議論は、その研究結果から何が言えて何が言えないのか、その境界線を定めるために必要なものです。結論をはっきりと述べるための土台となりますので、しっかりと議論を深めてください。

結論の章ではいよいよ、読み手を論文から解放する最終段階となります。書き手の世界から読み手に持って帰ってもらうべきものは、大きく分けると **「論拠」と「限界」** です。

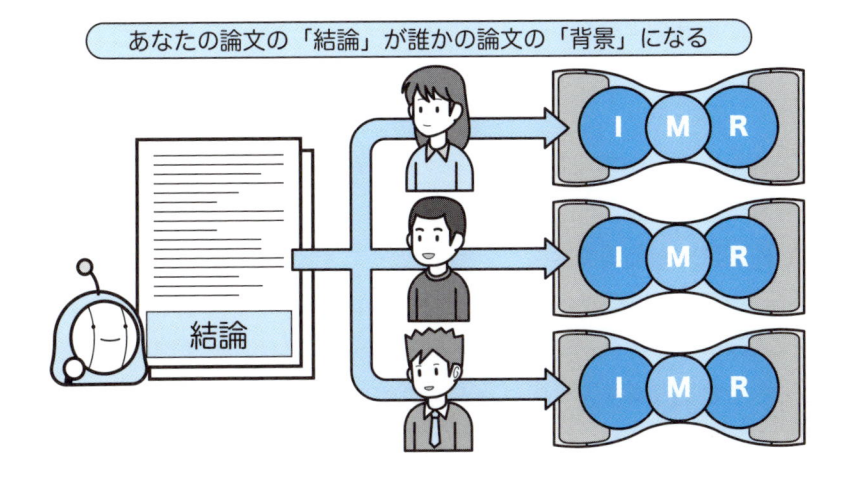

読み手は論文を、自身の次の研究であなたの研究成果を論拠として使えないかと考えながら読んでいます。あなたの研究成果をいわば「使える論拠」として読み手に渡すためには、**結論は前提条件と対で、つまり「〜が成り立つなら、〜である」というような形式で記述します。**

加えて、どんな結論も、どんな状況にも無制限で適用できる論拠になるということは、まずありません。その論拠を利用する際に考慮されるべき、**研究の限界や制約条件について開示しておくことが大事です。**

「論拠」と「限界」は両方とも「結論」の章に書きますが、「限界」につい

ては、じっくり検討すべきだと思ったら、別に1章設けてそこに記述して構いません。多くの場合、同業の研究者にもそうした章は喜ばれます。というのも、そのようないわば「研究の弱点」は、同業研究者にとっては明日の研究ネタの宝庫だからです。特に解決の困難な制約は他の研究者を強力に惹きつけます。例えば、「条件Aでは成功したが条件Bでは失敗した」という結論が示されたのであれば、条件Bが次の目標になります。なぜ条件Bで失敗したのかについて詳細な議論がされていればいるほど、続く研究の助けになるのです。

これでようやく論文も完成です。一般的な論文では結論の後に参考文献リストや付録の類が続きますが、本書では省略します。多くの場合、論文の投稿先で細かな規定が定められているのでそれに従ってください。

 応用

本TOPICでは、対象を主に理工系の論文誌論文もしくは学会発表論文に絞って解説してきました。しかしここで解説した基本は、少し変えるだけで他の種別の文書へと応用できます。

4ページ程度の短報であれば、背景や長い議論は省くことになるでしょう。短い文書は、多くの背景知識を共有している比較的小さな集団を対象に書かれているでしょうから、大胆にカットできるはずです。講義レポートの場合は特に、レポートを課した教員と書く側とで共通する知識は多いでしょうから、わかりきったところはまるまる削って構いません。

反対に修士論文や博士論文のように、扱う問題が複数あり単一の論文に比べると取り上げるべき背景情報が多い論文であれば、背景の章はしっかりとページ数を割くべきです。また、特に博士論文では問題を複数の副問題に分割して説明することになります。分割したそれぞれで、副問題に対する手段と結果、またさらに必要に応じて細分化された背景や考察を述べる節を設けたほうがよいでしょう。

 ## その他の型

　ここまで、理工系論文の書き方として、著者がこれまでの論文指導の経験から定めた型を紹介してきました。これは初心者にも書きやすいよう工夫したもので、幅広い種類の論文に適用可能なように設計してありますが、理工系論文の型には他にも知られているものが沢山あり、分野によっては強く推奨される型がある場合もあります。そのような型が投稿規定に明記されている場合もありますので、よく確認してください。

　ここでは一例として「IMRaD」を紹介します。

● IMRaD

　「IMRaD」は "Introduction-Methods-Results-and-Discussion" の略で、論文を「序論・手段・結果・議論および結論」の四部構成で記述する型です。主に医学分野の論文で主流となった型ですが、科学全般の分野で広く採用されるようになってきています（Sollaci 2004）。

　「IMRaD」は本書で言う「IMR」を含んだ論文構成法とよく似ていますが、主題としている問題（issue）は独立した章で扱うのではなく、序論に組み込んで説明することが想定されています。同じ問題領域に対して多数の研究者が取り組んでいることが多い分野においては、問題についてページ数を割いて説明する必要性がそれほど高くないため、こうした構成をとることが多いようです。もし読み手にとって目新しい問題を掲げた論文であるならば、どのような問題に取り組んでいるかについての詳細な説明が期待されていますので、本書で提案しているスタイルを推奨します。

　本書で紹介したものの他にも多くの型が提案されています。どの型に沿って論文を書くべきかを判断するには、その分野で読み手がどのような型の論文を読みたいと考えているか、それを知ることが大事です。その分野で権威ある論文誌の論文を沢山読むと、そのヒントが見つかるはずです。

理工系論文の書き方-サンプル論文

福地健太郎

概要：この場所には論文の概要を書く。字数は掲載誌によって様々だが、和文の場合 300 字から 600 字程度の長さに収めるのが一般的である。論文の概要は、背景・問題・手段・結果・結論をバランスよく記載することで、論文の内容をおおづかみに理解できるように書くことが求められる。詳しくは「4-5 論文概要は『起承転解結』」を参照すること。

1 序論

この論文で報告する研究で取り組んでいる問題とその背景、また研究の手段と得られた結果、そして結論までを序論で示す。分量は論文全体の 10%程度の量を目安に書く。
○○○○○○○
×××××××
…

2 背景

本論文が取り扱っている問題を理解するために必要な背景知識を述べる。本書「3-7 背景説明は最短経路に絞る」も参照されたい。
○○○○○○○
×××××××
…

3 研究の目的

IMR の "Issue" を示す。この章題はあくまでも仮のものである。Issue をよく表わす適切な章題に置き換えること。
○○○○○○○
×××××××
…

本研究では××を解決するために、システム△△を拡張した☆☆を開発した。同システムの評価実験として、実験 1 と実験 2 を実施し、その結果を検証した。

4 システム説明

IMR の "Method" を示す。本サンプルが想定している研究は、問題解決のためのシステムを提案し、その試作機を用いて評価実験を行い、それによってシステムの妥当性を検証す

るタイプのものである。そのため Method は「システム」と「評価実験」によって構成されるので、このような章構成をとる。実験が Method の主体となるタイプの研究では、この章は不要となる。

5 評価実験

　ここは本書「2-4 『順列型』と『並列型』」で示した区分でいえば「並列型」での記述となる。そのため、「実験1」「実験2」に共通する導入をこの場所で説明する。

　本サンプルの場合は、二つの実験に共通する目的や事前情報をここに記す。なお、論文で報告する実験が一つだけの場合は、以下の 5.1 節をそのまま第 5 章として読み替えること。

5.1 実験1

5.1.1 目的

　この実験でなにを明らかにしようとしているのか、どのような仮説を持っているのか、について説明する。これが明確でないと、実験結果をどう判断すればよいのか不明瞭になるので、必ず明確にすること。

5.1.2 手法

　実験手法について記す。本書「1-7 再現性：読み手が同じことを再現できるように書く」を参考に、できるだけ詳しく書くこと。

5.1.3 条件

　実験手法は他の研究者が再現できるものであるのに対し、実験条件の方は、必ず再現できるとは限らず、またさらなる知見を得るために条件を変えて実施することもある。このような目的のため、手法と条件は分けて記述するのが望ましい。

5.1.4 結果

　実験結果を、書き手の主観や判断を交えない形で記すこと。また最後に、5.1.1 節で掲げた目的に呼応する形で、問題が肯定的に解決されたか否定的に解決されたかを明らかにすること。

5.1.5 考察

　実験1の結果からすぐに導いておきたい考察があればここに書いてよい。

5.2 実験2

省略

6 結果と考察

　IMR のうちの "Result" を示す。第3章で提示した問題に呼応する形で、実験1・2の結果を総括した結果を記す。第3章では「これこれの問題を解決する」という目的を掲げているため、本章で示すべき結果は、「実験1および実験2の結果から、これこれを解決できる

ことが確認された」あるいは「確認できなかった」というものとなる。

7 議論

省略

8 関連研究

　背景の章で扱わなかった関連研究についてはここでまとめて紹介する。あくまでも本論文の立場を明確にするために必要なものの紹介が目的であることに注意されたい。

9 結論

　Result から最終的に導き出された結論を記す。結論はそれ自体が次の研究の論拠として使えるものでなければならない。第 3 章もしくは第 1 章で掲げた課題に対し、どのような前提が成り立つときにどのような結果が導けるのかを明言すること。
　分量の目安は、10 ページ程度の論文であれば 1〜2 段落。

参考文献

　文中で参照した文献の詳細な書誌情報を列挙する。書誌情報をどのように記すか、またどの順番で並べるかは、掲載誌によって指定がある。投稿規定をよく読むこと。
　書誌情報をワープロソフトで逐一記すと、写し間違いや記載順の間違いが多発する。Mendeley・BibTeX などの文献管理ツールを使用すると便利。

付録

　本論に掲載するのはふさわしくないと判断した記述、たとえば長い数式やアルゴリズム、アンケート調査における質問紙の具体例などは、最後に「付録」としてまとめるとよい。ただしその情報が、論文を理解する上で本当に必要かどうかについてはよく検討されたい。また近年では、付録となるデータを論文本体とは別にオンライン配布する場合も多い。最適とされる方法は分野によって異なるのでよく調べること。また、研究に関するデータの公開は、特許権や著作権に関わることでもあるので、指導教員や共著者らとよく相談すること。

未来の論文の形は？

　本書で解説しているレポートや論文の書き方は、2019年現在に標準的とされる書き方をベースにしています。この書き方は著者が現役の学生だった2000年頃に学んだものとさほど違いはありません。

　しかし、論文は昔からずっと今のものと同じような姿をしていたわけではありません。[Sollaci 2004] によれば、17世紀頃の論文の書き方には標準化されたものがなく、うやうやしい文体で書いたり出来事を時系列的に書いたりしたものも少なくなかったようです。そう考えると今後、論文の形はさらに変化すると考えるべきかもしれません。というのも、インターネットの発達や研究スタイルの変化が著しく、論文の役割そのものが今後大きく変化する可能性をもっているからです。

　大きなうねりの一つは、オンライン出版の一般化です。いまや最新の論文はインターネットからダウンロードして読むのが普通。オンライン出版には様々な利点があり、今後この傾向はますます加速していくことでしょう。中でも目覚しい利点の一つは、論文に様々な電子データを付加できることです。例えば実験の様子を収録した動画は論文の信頼性を高めますし、近年では不正防止の観点から、測定された未加工の実験データや写真、プログラムなどの公開を促す事例も増えつつあります。

　また、論文の信頼性を検証する制度にも変化が起きつつあります。査読を経て公開されるまで年単位で待たされるのを嫌って、論文を書き上げるや否やすぐ、オンラインのプレプリントサービス[※1]に論文を登録する研究者が増えています。従来の価値観から言うと論文の信頼性を保つ仕組みがないことは問題になりうるのですが、プレプリントを読んだ専門家達がオンラインで情報交換を重ねることで信頼性の検証は十分にできるのではないかという考えも出てきています。こうした変動が進行していけば、本書で学んだことの一部はそれによって時代遅れになることでしょう。

　しかしながら、第1章の「七つの原則」に書いた内容は、そうした大変動があろうとも生き残り続けるのではないかと著者は考えています。読み手に情報を伝えるためにはどう書くべきかを考えることは、もっとも重要であり続けることに変わりはないはずです。時代の変化に取り残されないよう視野は広げつつ、安易に流されないよう地に足を着けて、文章の書き方を学んで欲しいと思います。

※1　研究者間の迅速な情報交換を目的に、査読を経て正式に出版される前の論文（プレプリント）を公開するためのサービス。代表的なものにarXivがある。

45 論文概要は「起承転解結」

POINT!

● 論文概要は 10 秒で理解できる文を目指そう
● 字数制限の厳しい論文概要は、行単位で型通りに書こう
●「起承転解結」の詩を書くつもりで！

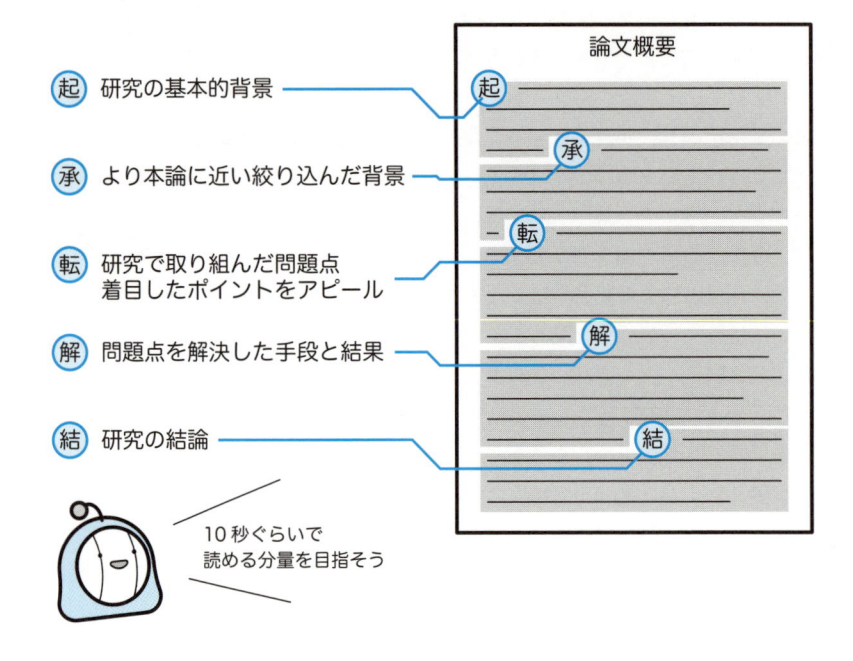

起 研究の基本的背景

承 より本論に近い絞り込んだ背景

転 研究で取り組んだ問題点
　　着目したポイントをアピール

解 問題点を解決した手段と結果

結 研究の結論

論文概要

10秒ぐらいで
読める分量を目指そう

 ## 論文概要は機械的に書くつもりで

　論文やレポートには「論文概要」あるいは短く「概要」と呼ばれる、文章全体を要約したものをつけるのが一般的です。その論文がどんな問題に取り組んでいてどんな結論を得たのかを、さっと目を通すだけで把握できるようにするのが概要の目的です。10秒もあれば目を通せるくらいの長さに、大事

な情報を詰め込むことが求められます。

　概要の長さは、たいていとても厳しい制限が課されます。短いものだと300字以内、長くても500字以内に収めることが求められます。この長さに文章を収めるとなると、内容をかなり絞り込んでいく必要があります。

　本TOPICでは概要をどう構成すべきかについて、文単位でのガイドラインを示します。このガイドラインに沿って、機械的に概要を書いてしまいましょう。

 ## 論文概要の役割

　概要の具体的な書き方を学ぶ前に、概要が果たすべき役割について確認しておきます。

　概要は、**多数の読者に目を通してもらい、論文の内容をおおづかみに把握してもらう**ことを目的としています。ですから、その論文がどのような問題に取り組んでいて、どのような手法で解決を図り、どのような結論を得られたか、までのすべてを概要に盛り込む必要があります。概要が「主題文」と異なるのはここで、自分一人が理解できればいい主題文に対し、概要は多くの読者の目に触れるものですから、問題背景の説明を手厚くする必要があるのです。

　また、その研究でどのような結果が得られ、そこからどのような結論が導かれるのか、についてもはっきりと示さねばなりません。概要の末尾を「本論文では実験の詳細と得られた結果について報告する」で終えるものが少なくないのですが、それでは肝心なことがわかりません。概要は映画の宣伝ではないのですから、結末をぼかす必要はないのです。**最後まではっきりと言い切ってください。**

 ## 起承転「解」結

　それでは概要の書き方について、具体的なガイドラインを示していきます。ここでは学術誌「Nature」の投稿案内[1]で示されているものをベースにして、

※1　〔Nature 2017〕p.11

本書の内容に沿ってアレンジしたものを紹介します。基本はやはり三部構成なのですが、概要向けにさらに細分化して、全体を「起・承・転・解・結」の5つの部品で構築します。それぞれの部品について説明しましょう。各部の長さの目安は、500字の字数制限を想定したものです。

- 起：1文
  - 研究の基本的な背景を、広い読者に通じるよう書く
- 承：1〜2文
  - 「起」を引き継ぐ形で、より本論に近い、絞り込んだ背景を説明する
  - 「起・承」までが、三部構成で言う「導入」に相当
- 転：1〜2文
  - 研究で取り組んだ問題について書く
  - これまでの先行研究では明らかにされていなかった点に注目した研究であることをアピールする
  - 文頭で「しかし…」「ところが…」などの逆説の接続詞を用いて、問題提起であることを明示する
- 解：1〜2文
  - 「転」で示した問題点をどのように解決したのか、その手段および結果を示す
  - 研究手段自体の新規性がさほど重要視されない分野であれば、手段についての記述は省いてもよい
  - 「転・解」が、三部構成で言う「本論」に相当
- 結：1文
  - 結論を一文で表す
  - 三部構成で言う「展開」に相当

　以上を、全体で6〜7文程度に収めることを目標に書きます。例として、このガイドラインに沿って書かれたある架空の論文概要を示します。

ビューファインダやディスプレイを持たないタイプの小型カメラでは、被写体が画角内に捉えられているか否かを視覚以外の手段で利用者にフィードバックする必要がある。この解決として、被写体の位置座標を音響信号に変換して伝える音響フィードバック法が広く使われている。しかし同手法は利用者にとって音響信号の解釈に手間を要するものであり、被写体が移動する場合、頻繁に座標が変化するため被写体の位置を把握するのが難しいという問題があった。そこで我々は利用者の背中に電極マトリクスを敷設し、被写体の位置を電気刺激によって利用者の背中にフィードバックするシステムを開発した。同手法は位置座標を直接的に利用者にフィードバックするため、刺激を解釈する手間を要しないという利点を有する。静止した被写体の位置同定試験では、音響フィードバック法に比べて位置精度は20%低下したが位置同定までの時間は15%に短縮された。また移動する被写体の追跡試験では音響フィードバック法に比べて追跡精度に4倍の精度向上があった。以上より、移動し続ける被写体を追跡する必要のある撮影条件においては提案手法が従来手法よりも優れるという結論を得た。(497字)

この概要例は500字の字数制限を意識して書いたものですが、字数制限がもっと厳しい場合には、手法や結果についての記述をそれぞれ半分程度にまとめることを検討します。反対にもうちょっと書いてもよい場合には、字数を切り詰めるためにやや不親切になっている箇所に文言を足していきます。

最後に、書きあがったら何度も読み返して質を高めないといけないのは、概要も本文も同じです。むしろ、より多くの読者の目に触れる分、概要の方こそしっかりと見直す必要があるとも言えます。また、概要といえど短いに越したことはないので、不要な文言を削って文章を絞りこんでいくことも大事です。

4 6 引用の仕方

POINT!

- 他者の記述と自分の意見との境目を明確に！
- 理工系論文では文章の引用は控え目に。簡潔に要約すること
- 文献情報の書き方は決められている場合が多いので、よく確認を

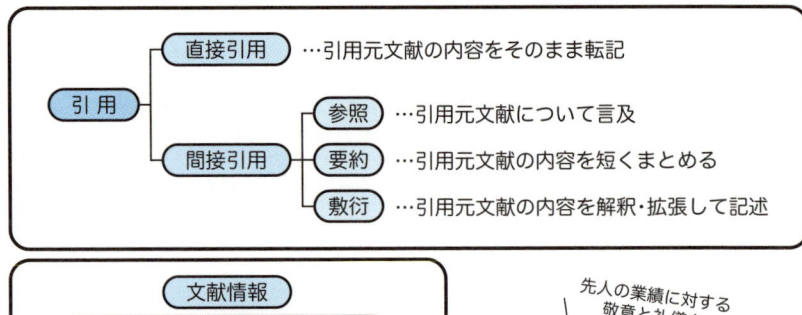

引用
- 直接引用 …引用元文献の内容をそのまま転記
- 間接引用
  - 参照 …引用元文献について言及
  - 要約 …引用元文献の内容を短くまとめる
  - 敷衍 …引用元文献の内容を解釈・拡張して記述

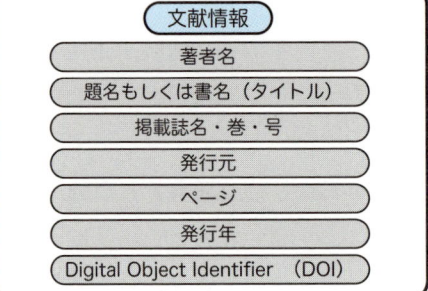

文献情報
- 著者名
- 題名もしくは書名（タイトル）
- 掲載誌名・巻・号
- 発行元
- ページ
- 発行年
- Digital Object Identifier （DOI）

先人の業績に対する敬意と礼儀を忘れないようにね

ハイ！

巨人の肩に乗る作法

　学問や研究開発における私達の営みは、よく「巨人の肩の上に乗る人」という比喩で語られます。人は巨人に比べると遠くを見渡すことはできませんが、巨人の肩の上に乗れば巨人よりほんの少し遠くを視界に入れることができるようになります。それと同じように、先人の研究成果を利用することで

私達はより先を見通すことができるようになります。

学問は、そうした営みの積み重ねです。自分の研究がどのような先人達の積み重ねの上に成り立っているのか、そのルーツを読み手にきちんと明らかにすることが、学問に関わる者が守るべきマナーです。

参考にした文献について、その書誌情報を明らかにしつつ言及することを「引用」といいます。本TOPICでは、参考文献の議論を自分の論文にどのように引用するか、その基本的な作法を説明します。

 ## 引用するときに明らかにすべきこと

引用を文章でどう記述するか、具体的なことを学ぶ前にまず基本的な心得から説明しましょう。

あなたの文書中で他の文献を引用するということは、主張の一部として他人が作り上げた論拠を利用し、あなたが扱っている事例にそれをあてはめながら主張を展開していくということに他なりません。これを読み手の立場からみると、その論拠がどこからどうして出てきたのか、それは本当なのか、といった点がどうしても気になってきます。

ですので、引用に際しては次の三点を守ることが求められます。

- 引用元を明らかにすること
- 引用した文献がどのような内容であり、それがこの研究とどう関係するのかを明示すること
- どこまでが引用した文献で主張されていることで、どこからが自分の意見や成果なのか、その区分を明確にすること

引用をするときは、ただ出典を示すだけではなく、引用元の成果を正しく理解しているかどうかをよく自己点検し、またその上で書き手の理解を読み手と共有するために言葉で説明をすることが大事です。

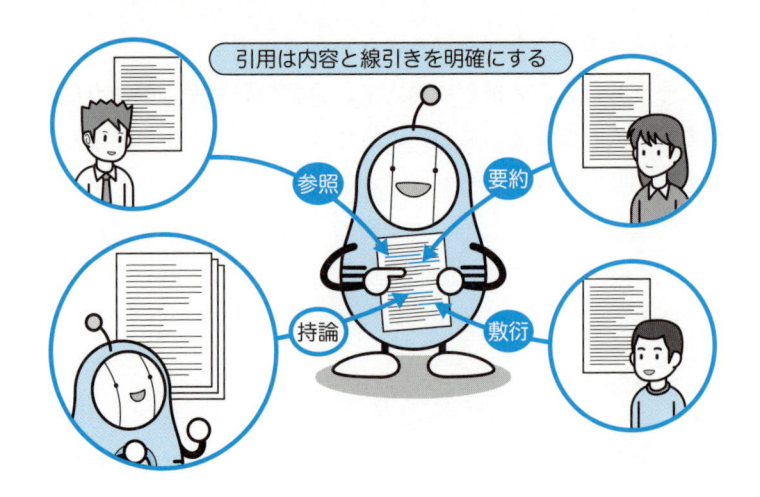

引用をどう書き表すか

具体的に文中でどのように引用を書き表すかを見ていきましょう。

文献の引用の仕方には、大きく分けると **「直接引用」** と **「間接引用」** の2種類があります。理工系の文書では間接引用のほうがよく使われますが、ここでは基礎となる直接引用から先に説明します。

● 直接引用

引用元の文献に書かれた文章をそのまま本文に転記して言及するのが「直接引用」です。 議論の対象とする文章に書き手の解釈を混入させないことにより、公正な立場から議論を進めることができます。この場合、引用文と本文との関係や書き手の解釈・判断は、引用文の前後に、書き手の文章として記述します。

具体的な記載方法としては、引用文が原文のままであるということを示すために、引用文を「引用符」と呼ばれる記号で囲みます。引用符は、和文であれば鉤括弧（「 」）、欧文であればダブルクォーテーション（" "）を、それぞれ用います。逆に、**原文に手を加えている場合は引用符で囲ってはいけません。** 本論と関係ない箇所を省略するために「（略）」としたり、注釈を加えるために「（注：○○のこと）」などと書き添えることは許されますが、原文

にある言葉を言い換えたり要約したりしてはいけません。

　引用文の直後には、文献情報を付記します。文献情報の記し方については間接引用と共通していくつか方法がありますので、後でまとめて紹介します。

　それでは直接引用の実例を示しましょう。本TOPICと直接の関係はありませんが、科学論文の書き方について、物理学者でありながら夏目漱石門下で、『吾輩は猫である』に登場する「寒月君」のモデルともなった寺田寅彦が随筆に書いた言葉を引用します。

4

ライティングの実技

「科学的論文を書く人が虚心でそうして正直である限りだれでも経験するであろうことは、研究の結果をちゃんと書き上げみがきあげてしまわなければその研究が完結したとは言われない、ということである。実際書いてみるまではほとんど完備したつもりでいるのが、さていよいよ書きだしてみると、書くまでは気のつかないでいた手ぬかりや欠陥がはっきり目について来る。(略)それからまた、頭の中で考えただけでは充分につじつまが合ったつもりでいた推論などが、歴然と目の前の文章となって客観されてみると存外疑わしいものに見えて来て、もう一ぺん初めからよく考え直してみなければならないようなことになる。」(寺田 1933、pp.172-173)

　長い文を引用するときはこのように段落を分けますが、短い文であれば、「自分の書いたものを、改めて自分が読者の立場になって批判し、読者の起こしうるべきあらゆる疑問を予想してこれに答えなければならないのである。」(寺田 1933、p.173) のように、段落の中に引用文を組み込むのがよいでしょう。

● 間接引用

　引用元の文献中に書かれていることを、書き手が加工して言及するのが「間接引用」です。加工の仕方によって間接引用はさらに3種類に分類することができます。

　・参照：引用元の文献の内容をごく短い語句にまとめて言及する

- 要約：引用元文献に書かれた文章を書き手が要約して記述する
- 敷衍（ふえん）：引用元文献の主張を書き手が解釈した上で、拡張して記述し直す

「参照」は理工系論文では広く行われる引用の仕方です。例えば論文中で利用した定理や実験手法などについて文中での詳細な説明を省略し、文献を示してそれに替える場合には、参照で十分です。ただし、「先行する研究では、〜法を用いたものが多数提案されている［1-5］」のように、多数の文献を1・2行の短い説明とともに一度に参照する横着な書き方をたまに見かけますが、これは避けてください。これでは個々の研究についての詳細情報も、それらと本論との関係もまったくわかりません。

「要約」は、直接引用と同様、引用元文献に書かれた文章を文中に取り込んで議論する手法ですが、直接引用では元の文を原文のまま用いたのに対し、書き手が原文を要約して記すところに違いがあります。原文のままではないので、要約した文を引用符で囲って示してはいけません。

要約で気をつけなければならないのは、それが公正さを欠く要約になっていないか、という点です。書き手の偏見や思い込みが混入してしまっては、公正な議論ができません。特に、書き手の主張に沿うよう引用元の文章から都合のよい箇所を抜き出してくることを「チェリーピッキング」と呼びますが、自分の要約がチェリーピッキングになっていないかどうかはよくよく吟味する必要があります。**原文のあちこちから切り貼りして自分に都合のいい要約を作り上げるような行いは、書き手への信頼を著しく損ねますので、絶対に避けねばなりません。**

「敷衍」は、引用元の文献が掲げている主張を、書き手の責任で拡張することです。引用元の主張そのままでは論拠として援用することができないが、拡張することで適用できる場合に用います。

敷衍は引用元の著者の主張を越えた行いですので、**どこまでが引用元の主張でどこからがそれを敷衍したものかを、はっきりと示さなければなりません。**敷衍した主張が引用元の著者のものであると読み手に誤解させてはいけません。

また、敷衍は無条件に行えるものではありません。元の主張を拡張する以上、それが適正な拡張であるかどうかを判断するための論拠がまた別に求められます。元の主張がどれほど正当なものとされていたとしても、それを敷衍した瞬間から、敷衍した主張の正当性を立証する責任が書き手に生じます。自分が行った敷衍に無理がないか、妥当性はあるか、よくよく検討する必要があります。

　それでは間接引用の実例を示しましょう。参照の例は本書の中にも豊富にあるので省略します。要約の例としては、先ほど直接引用した寺田の文章を題材にしてみましょう。

寺田は、研究はその成果を文章として書き出し論文としてまとめあげねば完結したとは言えないとしている（寺田 1933）。しかし現代においては…

といったように、要約文に続けてそれに対する書き手の主張を続けます。
　敷衍の例も示します。

渡辺らは大学生を対象とした実験によって、書くことに苦手意識をもっている学生は、自分の文章に対する自己評価が他者からの評価と比べても有意に低いという結果を示し、学生は自分の文章を過少評価する傾向があることを指摘している（渡辺 2017）。逆の見方をすれば、学生が自分の文章を正当に評価できるようになれば、書くことへの苦手意識を軽減させられる可能性があると我々は考える。そこで…

　この文例では、「これは逆の見方をすれば…」以降が書き手による敷衍です。当然ながら「逆は必ずしも真ならず」で、渡辺らの研究からはこの仮説の正当性を主張することはできません。文例はこの仮説を出発点とし、この後に

それを実証する研究についての記述が続くことを想定とした書き方になっている点に注意してください。

文献情報の書き方

　文献を引用する際は、その文献がいつ誰によって、どんな手段で公開されたかについての情報をあわせて掲載します。そのような情報を「文献情報」「書誌情報」などと呼びます。

　文献情報を文書中にどのように記すかについては幾通りもの方法があり、分野によって慣習があったり、掲載誌によって厳密に指定されていたりする場合があります。ここでは多くの場合に共通する書き方を紹介しますが、実際に文書を書くにあたっては、それら慣習や指定に従って書いてください。

　文献情報としては、以下の情報のうち必要なものを記載します。

- ・著者名
- ・題名もしくは書名（タイトル）
- ・掲載誌名・巻・号
- ・発行元
- ・ページ
- ・発行年
- ・Digital Object Identifier（DOI）

　例えば次のように示します。

　　　　　　　　著者名　　　　　　　　　　　　　　　　題名
大村 彰道, 撫尾 知信, 樋口 一辰. 文間の接続関係明示が文章記憶に及ぼす影響.

　　　　　掲載誌　　　　　　ページ　　発行年
教育心理学研究, Vol.28, pp.174-182 (1980)

　　　　　　　　　　DOI
https://doi.org/10.5926/jjep1953.28.3_174

対象としている文献が、論文誌や雑誌のように複数の論文や記事を掲載しているものである場合は、掲載誌名を示します。雑誌類は多くの場合「x巻y号」のように、巻号が定められているのでそれも示します。

　「DOI」は「Digital Object Identifier」の略で、インターネット上に置かれた文献を一意に特定できる識別子です。掲載誌によってはDOIが定められていないこともあります。「https://doi.org/〜」の形で書かず、識別子部分のみを記載する場合もあります。

　ページの指定の仕方は少々複雑です。対象としている文献が10ページ前後の短い論文であれば、掲載誌中でのその論文の開始ページと終了ページを示します。長い論文や書籍が対象で、その一部を引用したり参照したりしているのであれば、その該当ページを示します。なお、書籍の場合は版によって該当ページの番号が変わってしまうことがあるので、第何版のものであるかも書名に書き添えておきます。

　各文献情報には、本文で参照するのに便利なように参照番号を振っておき、文献情報は論文末尾や書籍の巻末にまとめるのが一般的です。参照番号の振り方は様々ですが、論文の場合は掲載誌によって指定されているのが通常ですので、それに従ってください。本書では[大村 1980]のように第一著者の姓と発行年をペアにしたものを参照番号としています。他にも登場順に数を振ったり、著者名をABC順や五十音順に並べた上で数を振るなど、様々な方式があります。

　引用の仕方、文献情報の書き方の実例は本書の随所に見られますので、それらもあわせて参考にしてください。

4 7 図表の書き方

- 図や表にも、文章と同じく作法がある。読み手の立場を意識しよう
- 人の論文から見やすい図表の作法を見習おう
- まっさきに図表に目を通す読み手も多いので、気を配ること

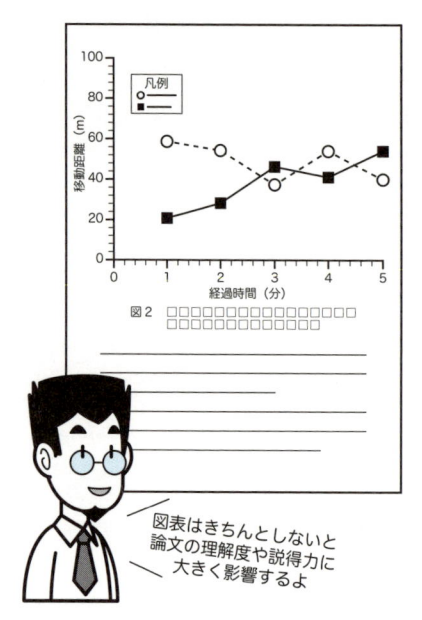

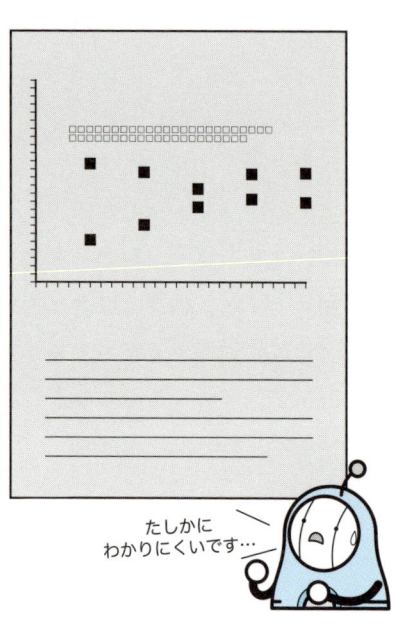

図表はきちんとしないと論文の理解度や説得力に大きく影響するよ

たしかにわかりにくいです…

図表にも技術がある

　皆さんにも覚えがあると思いますが、いくつもの文書に目を通さねばならないとき、本文を読む前にパラパラとページをめくって図表をざっと眺めることがよくあります。図表をパッと見て、面白そう、役に立ちそう、と思えるかどうかで、読み手のその文書を読む姿勢が変わってしまいます。

そんなときに「やってはいけないこと」をやらかしている図表が見えてしまうのは大きな減点になります。そこまでいかなかったとしても、見にくい、伝わりにくい図表は読解の妨げになりますし、情報が間違って伝わってしまうかもしれません。

そうした事態を避けるためには、**図表にも文章と同じように、見やすく伝わりやすくするための工夫を施すことが必要です。**そのためのノウハウとして、ここではごく初歩的な点に絞って説明します。これさえ守れば、少なくとも図表だけ見て呆れられるような事態は防げるはずです。より効果のある図表の作り方については、本文中で参考図書を挙げていますのでそちらもチェックしてみてください。

グラフの鉄則

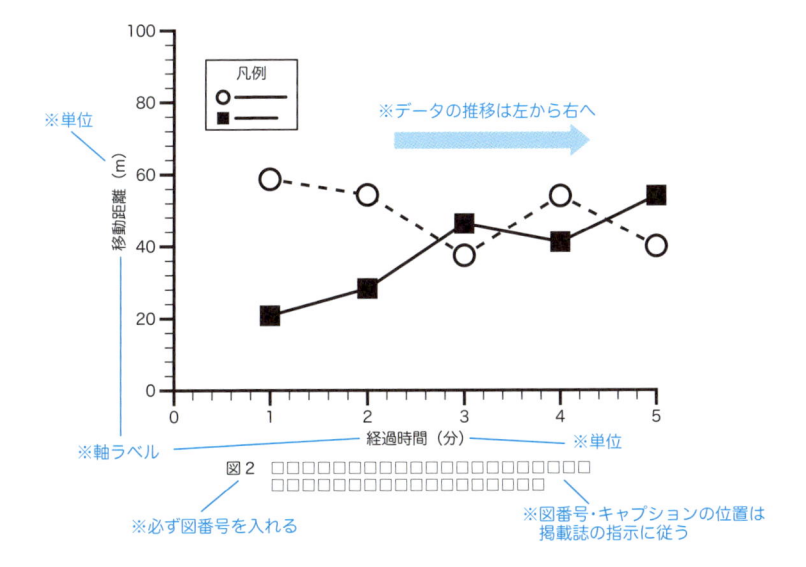

図2

調査や実験の結果をグラフにして示すのは、理工系文書の基本です。データの性質を一目で把握してもらうのに、グラフは最高の道具と言えるでしょう。だからこそ、グラフは慎重に作らねばなりません。グラフに不備があればすべて台無しですし、書き手は基礎を疎かにしている、とネガティブなイメージを読み手にもたれてしまいます。

ここではグラフを確認する人がどのような点に着目しているかを解説します。自分のグラフがこの鉄則に反していないか、確認してください。特に重要な項目は太字にしてあります。

◯ 図番号・キャプション

- 図番号（図1, 図2,…）は必ずつける
    - ◯ グラフも図の一部として扱い、図番号をつける
    - ◯ **本文中でその番号を用いてグラフに言及する**
- 適切な説明文（キャプション）をつける
    - ◯ 制御変数もしくは測定変数、またはその両方に言及する
    - ◯ 2〜3行程度にまとめる
- **図番号とキャプションは、掲載誌の指示に従って配置する**
    - ◯ 指示がない場合はグラフの下側に配置する

◯ 軸

- **グラフの縦軸横軸がそれぞれなにを表しているかを示すラベルを付ける**
    - ◯ キャプションで説明するだけではダメ
- **それぞれの軸に、値の単位を示す**
    - ◯ これがないとグラフで数値を表す意味がなくなってしまう
    - ◯ 学生レポートでの減点理由の上位を常に占めているので、特に注意すること
- 横軸と縦軸でなにを示すか
    - ◯ 原則として、二軸グラフであれば横軸が制御変数、縦軸が測定変数
        - ・ 左から右へ視線を動かすと変動を読みとれるように配置する
    - ◯ グラフの種類や調査内容、項目数などの要因で最適な配置は変わることに注意
        - ・ 統計の参考書や先行研究を参考にせよ

◯ 凡例

- 複数のデータを並べて示す場合は凡例を示す

- データ種別を示すラベルは略称で示す
- 詳しい説明は凡例に書かずにキャプションで補う

● その他

- そのデータをどんな種類のグラフで表すかをよく検討せよ
  - 例えば円グラフはいまや非推奨とされている（Few 2007）
  - より誤解を避け曖昧さを減らし、わかりやすくするために、様々な可視化手法が研究されている
  - 最新の論文や資料をあたって、常に知識をアップデートしよう
    - ［Darrell 1954］［上田 2005］などを参考にされたい

 ## 図の鉄則

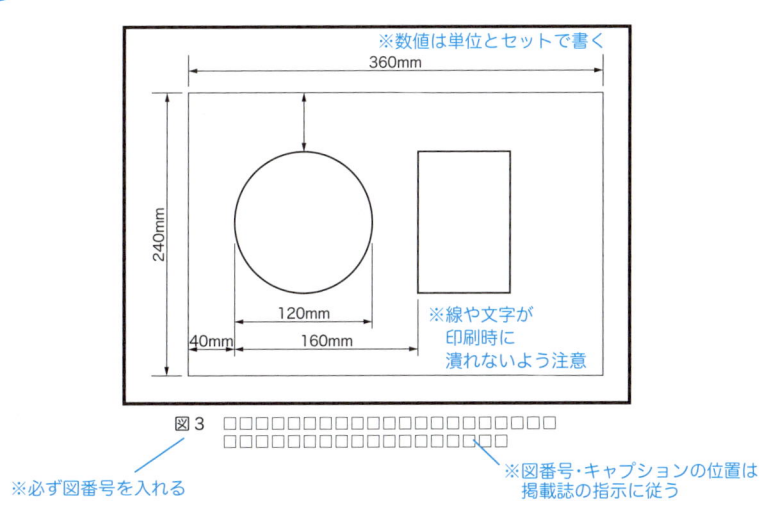

図3 □□□□□□□□□□□□□□□□□□□□□
　　□□□□□□□□□□□□□□□□□□□□

※必ず図番号を入れる　　　　　　　　　　※図番号・キャプションの位置は
　　　　　　　　　　　　　　　　　　　　掲載誌の指示に従う

　論文に図を入れる上で検討すべきは、その図で読み手になにを伝えようとしているのか、それはその図できちんと伝えられているかどうかです。
　ここでは、論文中に図を掲載する上で最低限守って欲しい点を記します。

🔵 図番号・キャプション

- グラフと同様、図番号（図1, 図2,…）は必ずつける
  - **本文中でその番号を用いて図に言及する**
- 適切な説明文（キャプション）をつける
  - 2〜3行程度にまとめる
- **図番号とキャプションは、掲載誌の指示に従って配置する**
  - 指示がない場合は図の下側に配置する

🔵 図本体

- **最終原稿にした時点での見栄えを確認する**
  - 以下のような点に気をつける
    - 写真が暗くないか（縮小すると特に暗部が潰れやすい）
    - 図中の文字サイズが小さくないか
    - 描線が細くないか
- なにを見せたいのか、主題をはっきりさせる
  - 余計なものが写っていたり描き込まれていたりしないか
- 図の加工は不正にならない範囲に抑えられているか
  - 学会が発行しているガイドラインを参照せよ（例えば [Cromey 2010]）
- 効果的な写真の撮り方や図の描き方については、別途参考書をあたられたい（例えば [Williams 2014]）

表の鉄則

※項目名は必ず表記する

※表番号・キャプションの位置は掲載誌の指示に従う

※単位を忘れない

※データの推移は上から下へ

※数値は桁を合わせ、右揃えにする

表2 □□□□□□□□□□□□□□は□□□□□□□□□□□□

システム品番	入力値（V）	出力値（mA）
A-102	3.14	950.2
A-105	1.59	8841.9
A-300	2.60	71.6
B-880	3.58	939.9
B-1000	9.79	3751.0
B-1200	3.00	582.0
C-01	8.46	97.4
C-02	2.60	9445.9
Z-10000	3.38	230.7
Z-20000	3.27	8.1

※罫線は控え目に

4 ライティングの実技

　表は、様々なデータを整理して提供できる他、詳細な数値情報を提供できるという利点があります。それらの利点を殺さないよう、表の見せ方にもやはり気をつけねばならない点があります。

○ 表番号・キャプション

● 　表番号（表1, 表2, …）を必ずつける

　　○ **本文中でその番号を用いて表に言及する**

● 　適切な説明文（キャプション）をつける

　　○ 　主要な項目に言及する

　　○ 　2〜3行程度にまとめる

● **表番号・キャプションは、掲載誌の指定に従って配置する**

　　○ 　指示がない場合は表の上側に配置する

○ 項目名（見出し）

● 　項目名は必ず書く

　　○ 　表を見るだけで、制御変数・測定変数がわかるように

- **単位を忘れずに記す**
  - ○ 数値だけ見せられても意味がない！

○ **表本体**

- **数値の桁を揃える**
  - ○ 数値は中揃えにせず右寄せにする
    - ・ 数値を見比べた際に大小を比較しやすいように
  - ○ 小数点が入る場合はその位置が揃うように注意する
- 罫線はできる限り少なくする
  - ○ 表の上端と下端、および項目名の下端の計3本あれば見やすい表は作れる（前掲図参照）
  - ○ 格子にするとかえってわかりにくい

 ## 「図1」は文書の顔

　目立つ図で読み手を惹きつけるのは、ビジネスの世界ではもはや当たり前ですが、学術の世界においても、研究成果を1枚の図で的確に伝えられるような分野であれば、そうした図はもったいぶらず論文の1ページ目に置くことが慣例になっています。そうした図は国際的には「**ティーザー teaser**」と呼ばれており、日本では俗に「図1」と呼ばれています。

　図1ではインパクトのある「成果」を見せたいので、写真やスクリーンショットを用いるのがよいでしょう。イラストではどうしても概念図のように見えてしまうため、実現された成果には見えにくいのです。実験で得られたデータをグラフ化したものを見せるのも一つの手ではありますが、写真に比べると伝わりにくくなります。

　誤りがなく見栄えのする図表を用意するのには、それなりの手間がかかります。締切間際になって慌てて図表を作ると、どうしても欠点のあるものになりがちです。図表の準備は早めに着手しましょう。文章を書くのに比べれば気軽に手を動かせるでしょうから、研究が一段落したらすぐに着手するのをお薦めします。

演習 の 解答例

第1章 七つの原則

①①

❶

1-1 文章は、なにを伝えようとしているのか、その主張が明確であることが重要であり、そのためにも文章を書く前にまず明確な主題文を書くことが大事である。

1-2 文章を書く前には、まず想定される読み手がもつ背景知識を確認し、仕様書にまとめることを推奨する。

1-3 文章の主題をできるだけ早く読み手に開示することが大事である。

1-4 文章は読み手のもつメンタルモデルを考慮し「驚き最小原則」にのっとって書くと読みやすくなる。

1-5 読み手は常に先を予測しながら文章を読んでいるため、読み手の予測を考慮した文章設計が重要である。

1-6 理工系の文章では主観と客観の区別を明確にし、最終判断は読み手に委ねることを心がける。

1-7 理工系の文章では再現性についての記述が重要であるが、そのためには情報の取捨選択が必要となる。

❷

省略

①②

省略

①③

○○先生

X年Y組Z番の△△と申します。3年生向けの講義「□□」を受講しております。同講義で課された、ｍ月ｄ日を締切とする課題についてですが、私は現在療養中であるため、締切の延長をお願いいたします。

私は現在××病のためa月b日より通院を続けており、満足に勉強時間をとることができません。特に締切となっているm月d日付近では……（以下省略）

①④

　Bのほうが優れています。

　Bでは文章の主題が「書籍」に関するものであることが最初に明示されているため、「読者」「内容」「紙媒体」などの言葉がそれぞれ書籍に関するものであることを即座に了解できますが、Aの文章ではそれがわからずメンタルモデルを形成できません。また、後半の文章でもAの場合は「読者によって内容が異なる」という記述が唐突である一方で、Bでは「紙媒体の制約」を指摘した後に「コンピュータを利用」を主張しているため、対立構造が明確となり、読み手の驚きを小さくしています。

①⑤

　おじいさんとおばあさんの行動についての記述が「おばあさん・おじいさん」の順になっていますが、直前の記述は「おじいさん・おばあさん」の順なので、読み手はこの順に記述があることを予測します。また、桃が川上から流れてきたことを知った読み手は、まずおばあさんがそれに対してどう反応するかの記述を予測します。

修正例

むかしむかしあるところに、おじいさんとおばあさんが住んでおりました。ある日のこと、おじいさんは山へ柴刈りに、おばあさんは川へ洗濯に行きました。おばあさんが川で洗濯をしていると、なんと川上から大きな桃が、どんぶらこ、どんぶらこと流れてきました。おばあさんは桃を川から拾いあげ、家へ桃を持って帰りました。

①⑥

　省略

①⑦

❶レシピ例

フライパンに油を小さじ1杯入れ、煙が立たない程度に熱してください。次に、卵

を割ってフライパンに入れ、中火で1分焼くとできあがります。

❷

上記のレシピには次に挙げるような曖昧さがあります。

・「煙が立たない程度に熱して」
　→ほとんどまったく熱さなくてもよいことになってしまう
・「卵を割ってフライパンに入れ」
　→卵を割ったのち、殻ごとフライパンに入れることも可能
・「中火で1分焼くと」
　→冷蔵庫から取り出したての卵と、室温に保たれた卵とでは焼け具合が変わってしまう

　これらのうち、「卵を割ってフライパンに入れ」については、「殻をフライパンに入れるな」という注意はいくらなんでも常識的に考えて不要、と判断してもよいでしょう。このように、読み手と書き手との間で共有できる常識や背景知識の程度を探ることが大事なのです。

第2章　構成を練る

②②
・導入：文章の構造を決めてから書くと整理された文章を書きやすい。基本構造としてここでは「三部構成」を学ぶ
・本論：「導入・本論・展開」の三部構成の詳細を説明する
・展開：三部構成にのっとって、まずは書いてみることを推奨する

②⑧
　省略

第3章　確実に伝える

③②
❶「なぜ」が不足している箇所
　・なぜ映像を提示する必要があるのか

- なぜ「鍵盤周辺」に映像を提示するのか
- 鍵盤操作の検出のために、なぜMIDIキーボードを選択したのか
- 映像提示のために、なぜ液晶プロジェクターを選択したのか

❷解答例

本研究では高度なピアノ演奏技術の習得を支援するため、鍵盤操作情報を可視化して演奏者に提示するシステムを提案する。演奏中に可視化映像を確認しやすいよう、映像は鍵盤周辺に提示した。鍵盤操作の検出は、安価に利用可能とするためMIDIキーボードを採用した。鍵盤上に直接映像を提示するために、液晶プロジェクターにより鍵盤上に映像を投影した。

③③

- 文章には理由を表す「なぜ」が不足しがちなのでこれを補わなければならない
  - 書き手は背後の「なぜ」をすでに知っているので、欠落を見落しやすい
  - 「なぜ」の不足が読み手の困惑を招くため
    - 読み手は文章を読みながらありうる選択肢を思い浮かべており、書き手の選択が判明すると「なぜそれを選んだのか」疑問をもつため
      - その分野についての基礎知識を読み手はもっている

③④

「神経衰弱」はトランプを使ったゲームです。裏返しになったカードを2枚めくって、それらに同じ数または記号が書かれていればカードを両方とも取ることができます。すべてのカードが取られた時点でもっとも多くカードを取得したプレイヤーが勝ちになります。

　このゲームでは一揃いのトランプを使用します。ジョーカーは含めません。ゲーム開始時に、まずすべてのカードをよく混ぜたのち、机の上にカードを裏向きにして、カードどうしが重ならないように並べてください。このとき、カードは規則的に並べず、乱雑にしたほうが面白くなります。

　プレイヤーの順番は好きなように決めてください。例えばジャンケンで勝った人から、時計回りに順番を進めます。順番が回ってきたプレイヤーは、カードを2枚めくって表にします。その2枚が同じ数または記号のカードであれば、プレイヤーはその2枚のカードを取り、さらに2枚のカードをめくることができます。めくったカードが異なっていた場合はそれらを裏返し、次のプレイヤーに順番が移ります。

　すべてのカードが取られたらゲームは終了です。取得したカードの枚数がもっと

も多いプレイヤーが勝ちになります。

③⑥
　問題文の第1段落と第3段落とをつなぐ内容は、おおむね以下のようになるはずです。

　　・ゲームの難易度によってはトレーニング意欲の向上を阻害する場合がある
　　・挑戦意欲をかきたてられる難易度には個人差がある

　しかし元の第2段落では難易度とトレーニング意欲との関連について触れておらず、文脈を形成できていません。
　また、元の第2段落では新規情報としてゲームの面白さと難易度との関係について言及しているものの、「障害」という新しい言葉を持ち出しているためにやはり文脈が追いにくくなっています。ここでは研究で取り組んでいる問題を素早く読み手に伝えることを優先すべきですので、「障害」についての細かい説明は後の節に回したほうがよいでしょう。
　これらを総合して、以下のように第2段落を書き換えると流れがよくなります。

　一方で、ゲームが難しすぎると利用者は面白さを感じることができず、トレーニング意欲が削がれてしまうという問題がある。また、人が面白さを感じられる難易度には個人差があるため、一律に難易度を低く設定してしまうと、一部の利用者にはそれが易し過ぎるためにかえって意欲が削がれてしまう。

　実際の文書では、指摘したそれぞれの問題について論拠となる先行研究や実験結果を示すとさらによくなります。

③⑨
(1)「かんけり」「おにごっこ」「かくれんぼ」はどれも体を使った遊びという性質が共通しています。これを「こどもの遊び」の代表として列挙すると、「こどもの遊び」は「体を使った遊び」である、という前提を暗黙のうちに済ませていることになります。書き手の主張がそこにあるのであれば、それを明確にするために「こどもの遊びのうち、体を使ったものとしては代表的なものに『かんけり』『おにごっこ』『かくれんぼ』がある」とすべきです。

(2) 「あぶないことをしてはいけない」ことの一例として「川に近付いてはいけません」としているのか、それとも今日は特別な理由があって（ダムの放流など）「川に近付いてはいけません」としたのか、「川に近付く」ことの意味付けがこの文章からは伝わりません。どちらの場合も、それらの条件を明記したほうがよいでしょう。

(3) 「長いほう」という言葉はいっけん曖昧ですが、この場合は二つある鉛筆のどちら側であるかさえ示せれば、情報としては十分です。修正の必要はありません。ただしこの文章より前に、それぞれの鉛筆の具体的な長さが示されていることが前提です。

(4) 「使う」は幅広い意味をもつ言葉ですので、意味を限定する力をもちません。使っていたのが釘抜き兼用のハンマーだったら、それで釘を抜くのも「ハンマーを使う」に含まれます。具体的にどうハンマーを使ったのかの情報を補うために、「飛び出た釘をハンマーで打った」のように書くとよいでしょう。

(5) このままでも問題ありませんが、ここの「行う」はなんの情報も補っていません。「状況を確認した」として「行う」を省いてしまうほうがすっきりします。ただし、この文章の前で「状況確認」という名詞について説明している場合には、それを受けて「状況確認を行った」と書いたほうが、対応関係がはっきりしてよくなりますので、どちらにすべきかは一概には決められません。

(6) 「うるさく感じなくなるまで音量を下げた」のように、なにをどのように調整したかを明記しましょう。というのも、「音の調整」は音量の上げ下げだけではなく、音そのものを変えたり周波数成分を変更するなど、様々なやり方があるからです。

③⑩

(1) 「今日はいいことがあるのではないかと私は思った。」

「私は」という主語を先頭に置きたくなりますが、ここは「長い修飾語を前に」の原則を優先します。「私は今日は…」というぎこちない書き出しも避けられます。

(2) 「彼は暗い夜道を走った。」

「長い修飾語を前に」の原則に従えば「暗い夜道を彼は走った」となり、これでもおかしくはありませんが、「彼」という指示代名詞が使われているということは、この文の前に彼についての記述があるはずです。「既知の情報から新しい情報へ」の原則を優先して、「彼は」から始めたほうがよいでしょう。

(3) 「プラスチック製の高価な、家の模型がある。」

「プラスチック製の高価な家の模型」だと、「高価な家」と結びついてしまいます。もっと大胆に入れ替えてよいなら、「プラスチック製の高価な模型の家」とするとまぎれがなくなります。これは、「家の模型」も「模型の家」もほぼ同じ意味になることを利用しています。

(4)「最近会っていなかった義理の兄に、白い封筒に入った外国からの手紙をそっと渡した。」

　「白い封筒に入った外国からの手紙を、最近会っていなかった義理の兄にそっと渡した。」も自然ではありますが、「全体から詳細へ」の原則にのっとるなら、より大局的な状況を表現する「最近」から始まる文章を先に持ってくるほうがよいでしょう。もしこれが、ずっと待っていてようやく届いた「その手紙」を渡した、という文脈であれば、「既知の情報から新しい情報へ」の原則が優先されますので、「〜外国からのその手紙を、〜兄にそっと渡した。」と書くほうがよくなります。

③⑪

(1)「将棋は、インドのチャトランガというゲームが基になっている。」

　二重主語文の問題です。「基になっている」という述語で十分説明できていますので、「起源は」という主語を省いたほうがすっきりします。

別解:「将棋の起源はインドのチャトランガというゲームである。」

(2)「本システムによって、検索にかかる時間は先行研究に比べて20%高速化された。」

　問題の文は二重主語文であり、さらに主語と述語が整合していません。

別解:「本システムは検索にかかる時間を短縮した。その結果、先行研究に比べて20%の高速化が達成された。」

(3)「このような卑劣な行為に対して、どれほど犯人に同情的な立場に立とうと私は憎しみを覚える。」

　主語と述語の不整合の問題です。省略されていた主語を補うと二重主語文になるので、どちらを主語に据えるかを検討する必要があります。「卑劣な行為」を主語にするのであれば、「どれほど犯人に同情的な立場に立とうとも、このような卑劣な行為は許されるべきではない」といったように書き換えるとよいでしょう。

第4章　ライティングの実技

④②

❶

以下は実際に本書の執筆で著者が用意した骨格です。

- ●「うまく文章が書けない」という悩みをもつ人の多くは、書く前から「書けない」と悩んでいる
  - ○ 主題文は書けた、三部構成にすることも覚えた、後は本文を書くだけ、なのに…
- ●「文章を書けない」と悩んでいる人は、そもそもまず書いていない
  - ○ うまく書けないから書いていない、と反論するかもしれないが
  - ○ まず書くことは、うまく書くよりもはるかに大事
- ● 一つの理由は、いきなりよい文章を書くのはとても難しいから
  - ○ 頭の中だけで作業をするのは難しい
  - ○ それよりも、書き出して目に見える形にしてからそれを改善するほうが楽
- ● もう一つの理由は、自分がなにを書こうとしているか、自分でもわかっていないから
  - ○ 頭の中だけで考えていると、実態以上に考えが整理されているものと勘違いしやすい
    - ・でもそれを書き出すと驚くほど曖昧だったりする
  - ○ 客観的に眺められる形にすれば、その問題点にすぐ気づける
  - ○ 遠回りのようでいて、目的に早く辿り着ける
- ● とにかく、一度書いてみることが鉄則

　実際の本文と比べるとかなり雑に書かれていることがわかります。これを文章に書き起こして、さらに手を入れたものが本書には収められています。

❷

省略

④③

A　3枚の商店街で買い物をして貰った福引券をうらやましそうに見ていた5歳くらいの子供にこっそりあげた。

B　うらやましそうに見ていた5歳くらいの子供に商店街で買い物をして貰った3枚

の福引券をこっそりあげた。

C 商店街で買い物をして貰った3枚の福引券をこっそり、うらやましそうに見ていた5歳くらいの子供にあげた。

D 商店街で買い物をして貰った3枚の福引券を、うらやましそうに見ていた5歳くらいの子供にこっそりあげた。

この問題は「③⑩ 修飾語と被修飾語の関係を改善する」の内容を理解できているかを試すものでもありますので、そちらもあわせて参考にしてください。

さて、解答候補をこうやって書き並べてみるとその優劣がよくわかるかと思います。Aはもっともまずく、「3枚の」「商店街」がくっついて読めてしまいます。Bは子供がうらやましそうに見ていたものの説明が後に来てしまっており、これもよくありません。Cは「福引券を」と、それを「うらやましそうに見ていた」という語句とが離れてしまっており、それらの関係が少しわかりにくくなっています。Dがこの中ではもっとも優れています。

おわりに

　全33トピックの制覇、お疲れ様でした！どうでしょう、自分の文章力が上がった実感はありますか。

　ここまで、実にたくさんの原理原則を説明してきました。もちろん、すべてをいっぺんに覚えるというわけにはいきませんので、文章を書くときは常に本書を座右に置いて、「あれ、この文はもっとうまく書けるのでは…」と思ったら本書を開いて学び直してくれればと思います。ここから先は実践あるのみです。

ルールは破られるためにある

　本書の最後のレッスンとして、『ティファニーのテーブルマナー』（Hoving 1961）という本の話をしたいと思います。あのティファニーの前会長、W・ホービングが孫のために記したというマナー教本です。もっとも、いまの目で見ればやや堅苦しさがあり、また古臭さを感じるところもありますので、もしあなたが食事マナーを学びたがっているとしても、この本はお薦めしません。

　しかしこの本の価値は、最後のページにあります。様々なマナーを説いたのちに、同書ではこんなことを教えています。

さて、いまや貴方はルールを学び終えたので、いよいよルールを破ることができます。ただし、破るにしてもふさわしい破り方というものがあることを忘れないように。（著者訳）

　会食の目的はあくまでも団欒、つまり互いに楽しませ合い、楽しみ合うことにあります。ルールのために堅苦しくなってしまっては本末転倒。相手を楽しませることは、ルールよりも優先されるのです。

文章も同じです。読み手のために書くことが文章の最優先事項なのだから、そのためにルールを破ってもよいのです。ルールを美しく破って書かれた文章は、きっと読み手の心を深く打つことでしょう。また時代の変化も、ルールの更新を要求するものです。変化にいち早く気づいたのなら、率先してルールを変えることを試みるべきです。

　もっとも、ホービングが釘を刺しているように、文章のルールを破るにしてもふさわしい破り方というものがあるはずです。ルールを上手に破るのは、ルールを守るよりも難しい。まずはルールに習熟することが大事です。

100年後の読み手のために

　会食の場での作法は、同じ時間、同じテーブルに着いている人々のためのものです。それはまさしく一期一会の体験であり、時が経てばその大半は忘れ去られていきます。

　一方、文章は時間的にも空間的にも、もう少し長い射程距離をもっています。文章は、その書き手が想像する以上に、多くの人の目に触れ、多くの年月を経ても読まれ続けます。

　文章のなお難しいことに、文章は一度書き手の元を離れると、もう取り戻しはできません。会食の場での失態は時がそれを消し去ってくれるかもしれませんが、文章は書いたそのままがずっと残ります。同時代の、同じような関心をもつ人々だけに向けて書くのであれば、多少文章が崩れていてもなんとなくで読んでもらえるものですし、いざとなれば書いた本人を探し当てて聞きに来るでしょう。しかし十数年、数十年という時間をへだててしまえばそれはおそらく叶わないでしょう。読み手のために文章を書くということは、数十年後の読み手をも意識することを意味するのです。

　みなさんの書かれた文章がより多くの読者に、より深く伝わることを願っています。

■参考文献

Booth 2016：Wayne C. Booth et al. "The Craft of Research（4th edition）"
University of Chicago Press (2016)
『リサーチの技法』訳＝川又政治 ソシム (2018)

Bransford & Johnson 1972：John D. Bransford, Marcia K. Johnson. "Contextual
prerequisites for understanding: Some investigations of comprehension and
recall" Journal of Verbal Learning and Verbal Behavior, 11(6), pp.717-726 (1972)
https://doi.org/10.1016/S0022-5371(72)80006-9

Brett 2017：Brett Mensh, Konrad Kording. "Ten simple rules for structuring
papers" PLoS Computational Biology, 13(9): e1005619 (2017)
https://doi.org/10.1371/journal.pcbi.1005619

Carrell & Eisterhold 1983：Patricia L. Carrell, Joan C. Eisterhold. "Schema
Theory and ESL Reading Pedagogy" TESOL Quarterly, 17(4), pp.553-573 (1983)
https://doi.org/10.2307/3586613

Cowan 2001：Nelson Cowan. "The magical number 4 in short-term memory: A
reconsideration of mental storage capacity" Behavioral and Brain Sciences,
24(1), pp.87-114 (2001)
https://doi.org/10.1017/S0140525X01003922

Cromey 2010：Douglas W. Cromey. "Avoiding Twisted Pixels: Ethical Guidelines
for the Appropriate Use and Manipulation of Scientific Digital Images" Science
and Engineering Ethics, 16(4), pp.639-667 (2010)
https://doi.org/10.1007/s11948-010-9201-y

Darrell 1954：Darrell Huff. "How to Lie with Statistics" W. W. Norton & Co.,
Inc. (1954)
『統計でウソをつく法－数式を使わない統計学入門』訳＝高木秀玄 講談社ブルーバックス (1968)

Few 2007：Stephen Few. "Save the Pies for Dessert" Visual Business Intelligence
Newsletter, Perceptual Edge (2007)
『データの可視化 なぜ円グラフを使ってはいけないのか？』株式会社アシスト (2014)
http://qlikview-training.ashisuto.co.jp/save-the-pies-for-dessert-japanese/

Gal & Rucker 2010：David Gal, Derek D. Rucker. "When in Doubt, Shout!: Paradoxical Influences of Doubt on Proselytizing" Psychological Science, 21(11), pp.1701-1707 (2010)
https://doi.org/10.1177/0956797610385953

Hoving 1961：Walter Hoving. "Tiffany's Table Manners for Teen-Agers（1st edition）" Ives Washburn Inc. p.93 (1961)
『ティファニーのテーブルマナー』訳＝後藤鎰尾 鹿島出版会 (1969)

King 2000：Stephen King. "On Writing: A Memoir of the Craft" Simon and Schuster (2000)
『書くことについて』訳＝田村義進 小学館文庫 p.167, p.206, p.280, p.284 (2013)

Krug 2000：Steve Krug. "Don't Make Me Think: A Common Sense Approach to Web Usability" New Riders (2000)
『超明快 Web ユーザビリティ ―ユーザーに「考えさせない」デザインの法則』訳＝福田篤人 ビー・エヌ・エヌ新社 (2016)

Leggett 1966：Anthony J. Leggett. "Notes on the Writing of Scientific English for Japanese Physicists" 日本物理学会誌, 21(11), pp.790-805 (1966)
https://doi.org/10.11316/butsuri1946.21.790

Nature 2017：Springer Nature. 『nature 投稿案内』Springer Nature p.11 (2017)
https://www.natureasia.com/pdf/ja-jp/nature/authors/gta-2017.pdf

Norman 2013：Donald A. Norman. "The Design of Everyday Things: Revised and Expanded Edition" Basic Books (2013)
『増補・改定版 誰のためのデザイン？ 認知科学者のデザイン原論』訳＝岡本明, 安村通晃, 伊賀聡一郎, 野島久雄 新曜社 (2015)

Popper 1934：Karl Popper. "The Logic of Scientific Discovery" Routledge (1934)
『科学的発見の論理 上下』訳＝大内義一, 森博 恒星社厚生閣 (1971-1972)

Raskin 2000：Jef Raskin. "The Humane Interface: New Directions for Designing Interactive Systems" Addison-Wesley Professional (2000)
『ヒューメイン・インタフェース―人に優しいシステムへの新たな指針』訳＝村上雅章 ピアソンエデュケーション (2001)

Silvia 2007：Paul J. Silvia. "How to Write a Lot: A Practical Guide to Productive Academic Writing" American Psychological Association (2007)
『できる研究者の論文生産術 どうすれば「たくさん」書けるのか』訳＝高橋さきの 講談社 (2015)

Sollaci 2004：Luciana B. Sollaci and Mauricio G. Pereira. "The Introduction, Methods, Results, and Discussion (IMRAD) Structure: A Fifty-Year Survey." Journal of the Medical Library Association, 92(3), pp.364-371 (2004)

Strunk & White 1999：William Strunk Jr. and E. B. White. "The Elements of Style, Fourth Edition" Longman p.71, p.79 (1999)

Twain 1880：Samuel L. Clemens to David Watt Bowser, 20 March 1880
`http://www.marktwainproject.org/xtf/view?docId=letters/`
`UCCL01772.xml;style=letter`

Weinschenk 2011：Susan Weinschenk. "100 Things Every Designer Needs to Know About People" New Riders Press (2011)
『インタフェースデザインの心理学 －ウェブやアプリに新たな視点をもたらす100の指針』訳＝武舎広幸, 武舎るみ, 阿部和也 オライリー・ジャパン (2012)

Williams 2014：Robin Williams. "The Non-Designer's Design Book (4th Edition)" Peachpit Press (2014)
『ノンデザイナーズ・デザインブック［第4版］』訳＝吉川典秀 マイナビ出版 (2016)

秋田 2002：秋田喜代美『読む心・書く心―文章の心理学入門』北大路書房 (2002)

安宅 2010：安宅和人『イシューからはじめよ－知的生産の「シンプルな本質」』英治出版 (2010)

新井 2018：新井紀子『AI vs. 教科書が読めない子どもたち』東洋経済新報社 (2018)

上田 2005：上田尚一『統計グラフのウラ・オモテ－初歩から学ぶ、グラフの「読み書き」』講談社ブルーバックス (2005)

梅田 1986：梅田卓夫ほか『高校生のための文章読本』筑摩書房 (1986)

大村 1980：大村彰道, 撫尾知信, 樋口一辰「文間の接続関係明示が文章記憶に及ぼす影響」教育心理学研究, 28(3), pp.174-182 (1980)
`https://doi.org/10.5926/jjep1953.28.3_174`

木下 1981：木下是雄『理科系の作文技術』中央公論社 (1981)

倉島 2012：倉島保美『論理が伝わる 世界標準の「書く技術」－「パラグラフ・ライティング」入門』講談社ブルーバックス (2012)

志賀 1946：志賀直哉「國語問題」改造, 27(4), pp.94-97 (1946)

清水 1959：清水幾太郎『論文の書き方』岩波新書 (1959)

清水 1988：清水義範『インパクトの瞬間―清水義範パスティーシュ100〈二の巻〉』ちくま文庫 p.70 (2009)

清水 2001：清水義範『作文ダイキライ―清水義範のほめほめ作文道場』学習研究社 (2001)

鈴木 2016：鈴木宏昭『教養としての認知科学』東京大学出版会 (2016)

谷崎 2016：谷崎潤一郎『陰翳礼賛・文章読本』新潮文庫 pp.309-310 (2016)

寺田 1933：寺田寅彦「科学と文学」『寺田寅彦随筆集 第四巻』岩波文庫 pp.172-173 (1948)

西林 2005：西林克彦『わかったつもり 読解力がつかない本当の原因』光文社新書 p.3 (2005)

野矢 2015：野矢茂樹『哲学な日々 考えさせない時代に抗して』講談社 p.81 (2015)

本多 1982：本多勝一『日本語の作文技術』朝日文庫 p.184 (1982)

三島 1959：三島由紀夫『文章読本』中央公論社 p.165, p.167 (1959)

山下 2003：山下直「接続助詞『が』の機能分析―文法学習の観点から」人文科教育研究, 30, pp.69-79 (2003)

渡辺 2017：渡辺哲司, 島田康行『ライティングの高大接続―高校・大学で「書くこと」を教える人たちへ』ひつじ書房 (2017)

■著者プロフィール

● 福地 健太郎 （ふくち けんたろう）

構成・文担当。

1975年東京都生まれ。東京工業大学・理学部卒。現在、明治大学総合数理学部教授として、インタラクティブメディアの研究に従事。インタラクティブ広告や舞台演出のためのソフトウェア開発を手がける。担当科目は「アカデミック・リテラシー」「メディア基礎実験」「映像・アニメーション表現」など。

Web　　　https://fukuchi.org/
Twitter　@kentarofukuchi

● 園山 隆輔 （そのやま たかすけ）

図解担当。

1961年大阪府生まれ。京都工芸繊維大学・意匠工芸学科卒。松下電器産業(現:パナソニック)株式会社に於いて、オーディオ機器を中心に、プロダクトデザイン、インタフェースデザイン等に従事。2002年T-D-Fを設立。研究所、大学など、商品化の一歩手前のプロトタイプを中心にインタラクション、ロボットなどのデザイン全般を手掛ける。

Web　　　http://www.t-d-f.jp/

装丁デザイン　　　　　　303デザイン事務所
本文デザイン・DTP　　　有限会社ケイズプロダクション

図解でわかる！ 理工系のためのよい文章の書き方
論文・レポートを自力で書けるようになる方法

2019年2月 6 日　初 版　第 1 刷発行
2021年6月10日　初 版　第 6 刷発行

著　　　者　福地　健太郎（ふくち けんたろう）
　　　　　　園山　隆輔（そのやま たかすけ）
発　行　人　佐々木 幹夫
発　行　所　株式会社 翔泳社 (https://www.shoeisha.co.jp/)
印　　　刷　昭和情報プロセス株式会社
製　　　本　株式会社 国宝社

ISBN978-4-7981-5889-1　　　　　　　　　　　　　　　Printed in Japan